財務困境公司脫困後業績狀況及提升研究

和麗芬、何傲帆、薛雪、田甜甜 著

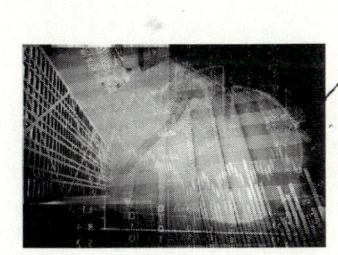

崧燁文化

前　言

　　財務困境是每個企業在經營過程中都可能會遇到的問題，盡最大努力脫困也是這些公司陷入困境之後的最直接行動。但迄今為止，相關研究和實踐更多地聚焦於構建精確的困境預測模型和採取相應措施謀求公司脫困，對公司脫困後業績提升的研究卻寥寥無幾。現實中，困境公司脫困策略固然非常重要，然而脫困公司業績提升更是保證其後續持續健康發展的必要前提。本書以「財務困境公司脫困後業績狀況及提升研究」為題，針對公司脫困之後的業績狀況進行分類追蹤，詳細對比不同業績水平脫困公司的重組方式，提出財務困境公司脫困後的業績優化與提升策略，不僅為脫困公司的業績提升提供實證借鑑，同時為困境公司股東、管理者和其他利益相關者提供發展思路，並為證券市場監管提供決策支持。本書的主要研究內容包括：

　　第一，財務困境公司的脫困途徑分析。針對財務困境公司脫困途徑——重組策略與方式進行分類追蹤，分析不同方式的脫困策略實施效果，並對這些方法策略進行分類總結。

　　第二，財務困境公司脫困後的業績狀況衡量。針對脫困公司的短期市場業績、長期經營業績進行衡量，區別不同重組方式對其脫困後業績影響的差異狀況，判斷脫困後業績水平與重組策略之間的關係。

　　第三，財務困境公司脫困後的業績提升策略。針對財務困境公司脫困後第1年至第4年的業績狀況進行分類追蹤，將其分為業績良好、業績中等、業績較差三組，探求不同組別之間的差異，並實證分析財務困境公司脫困後的業績提升途徑。

　　本書立足於中國證券市場的ST或＊ST公司，基於這些公司擺脫困境後的業績狀況進行分析，力圖在以下方面有所創新：①基於不同的脫困方式和重組策略，對脫困公司的市場業績和經營業績進行分類別評判，確定不同重組策略與脫困公司業績之間的關係，為困境公司脫困的行為選擇提供思路；②基於盈

利、風險、增長三方面進行脫困公司長期經營業績衡量的指標設計，克服以往主要關注盈利指標的不足，全面反應脫困公司的長期績效；③針對財務困境公司脫困之後的業績水平提升進行實證分析，為公司脫困之後的業績優化與提升提供實證借鑑結果。全書共 6 章內容和 7 個具體附錄：第 1 章 緒論；第 2 章 財務困境公司的脫困策略分析；第 3 章 財務困境公司脫困後的短期市場業績；第 4 章 財務困境公司脫困後的長期經營績效；第 5 章 財務困境公司脫困後的業績提升；第 6 章 結論與建議；7 個具體附錄為筆者針對河北省上市公司中曾被 ST 或 *ST 公司的財務困境歷程、脫困方式及脫困後的業績分析案例。

在撰寫本書中，我們參考了很多國內外學者的著作和成果，在此向這些文獻的作者表示衷心感謝。由於我們的水平有限，加之財務困境脫困還是一個比較新的研究角度，直接文獻較少，需要後續多方位、多角度的思考，書中難免存在缺陷，希望廣大讀者批評指正。

和麗芬

目　錄

1　緒論／1
    1.1　概念界定／1
    1.2　研究背景／3
    1.3　研究意義／4
    1.4　文獻綜述／5
    1.5　研究思路與方法／7

2　財務困境公司的脫困策略分析／9
    2.1　財務困境公司脫困重組的製度背景／9
    2.2　財務困境公司脫困重組的理論分析／14
    2.3　財務困境公司的脫困重組策略及方式／15
    2.4　理論分析框架／23

3　財務困境公司脫困後的短期市場業績／25
    3.1　摘帽公告效應／25
    3.2　交易量和市場溢價／35
    3.3　多元線性迴歸／39

4　財務困境公司脫困後的長期經營績效／43
    4.1　經營績效衡量指標選擇／43
    4.2　指標縱向定比分析／45

4.3　指標橫向因子分析 / 55

5　財務困境公司脫困後的業績提升 / 65

5.1　財務困境公司脫困後的業績分類分析 / 65

5.2　財務困境公司脫困後的業績提升分析 / 70

6　結論與建議 / 78

6.1　研究結論 / 78

6.2　相關建議 / 79

6.3　主要貢獻 / 81

附錄 / 82

附錄1　ST寶石的重組選擇及脫困之路：從ST寶石到東旭光電 / 82

附錄2　寶碩股份的重組脫困之路 / 94

附錄3　東方熱電的財務困境及脫困之路 / 108

附錄4　天威保變從退市預警到成功摘帽 / 123

附錄5　ST國祥的重組選擇及脫困之路：從ST國祥到華夏幸福 / 137

附錄6　ST建通脫困路徑及脫困後業績狀況 / 151

附錄7　ST天業的重組選擇及脫困路徑 / 165

參考文獻 / 179

1 緒論

1.1 概念界定

1.1.1 國外學者對財務困境脫困的界定

研究財務困境脫困，首先得從財務困境界定著手。國內外學者對財務困境的理解既有相同又有不同之處，主要包括破產、現金流不足、失敗、虧損、連續負Z值幾個方面。其中，國內學者又根據中國證券市場特徵進行了特殊界定。

國外學者對財務困境界定較早見於 Altman（1968）發表的《財務比率、判別分析和公司破產預測》一文，其將「破產」理解為財務困境。此後，Aharony、Jones（1980），Frydman、Altman & Kao（1985），Aziz、Lawson（1989）相繼採用「破產」概念來表述公司財務困境；Wruck（1990），Datta（1995），Ward 等（1997），Turetsky 等（2001）將「現金流不足」界定為財務困境。他們基於現金流量角度討論問題，認為「持續經營的現金流急遽下降是財務困境開始的信號」；Deakin（1972），Blum（1974）則從「失敗」角度理解財務困境。他們認為「失敗」包括破產、無力（或不能）償債、迫於債權人利益清算（或進入破產程序）。Argenti（1976）、Zimijewski（1984）也把「失敗」界定為財務困境；Chalos（1985）、DeAngelo（1990）、Hill、Perry and Andes（1996）、Kahya、Theodossiou（1996）、Platt 等（2002）將「虧損」界定為財務困境，以累計虧損次數或連續幾年負的經營收入作為困境判斷標準；Altman、Haldeman & Narayanan（1977）後來使用 Z 值模型判斷公司是否陷入財務困境，Shrieves & Stevens（1979）、Taffler（1983）、Sudarsanam 等（2001）也利用該方法展開研究，定義「如果兩個年度連續負 Z 值後有一個最低 Z 值年度，則企業處於困境之中」。

對財務困境理解的不相同，導致國外學者對財務困境脫困的解釋也存在差異，但主要立足於兩個方面：

第一，從《中華人民共和國破產法》（以下簡稱《破產法》）第十一章成功走出。Bibeault（1982），Hong（1984）曾將重組成功和破產清算作為區分脫困與未脫困公司標準，Robbins（1992），Yehning、Weston & Altman（1995），Chatterjee等（1996），Ashta、Tolle（2004）也分別將《破產法》第十一章重組成功的公司定義為脫困公司。

第二，虧損轉為盈利。Lai、Sudarsanam（1997），Barker、Patterson & Mueller（2001）將連續虧損轉為連續盈利定義為脫困，DeAngelo等（2002），Lasfer、Remer（2010）在其研究中將連續3年虧損轉為連續3年盈利作為脫困樣本。

1.1.2 國內學者對財務困境脫困的界定

國內學者對財務困境的理解早期與國外相同，基本涵蓋「破產」（吳世農等，1987）、「失敗」（傅榮、吳世農，2002）、「虧損」（呂長江等，2004）、流動性不足（李秉祥，2004）幾個方面。這些理解以國外學者的財務困境界定為依據，相對多元化，沒有形成統一標準。1999年，陳靜在《上市公司財務惡化預測的實證分析》一文中，根據中國證券市場特徵，採用ST公司作為財務惡化公司的樣本，取得較好的研究效果。之後，國內學者將財務困境基本等同於被特別處理（ST、＊ST）[①]公司研究。吳世農、章之旺（2005），呂峻（2006），鮮文鐸等（2007），潘越等（2009），廖義剛等（2010），徐全華（2011），章鐵生等（2012），祝繼高等（2015）眾多學者在自己的研究中，將ST、＊ST公司看作是陷入財務困境公司。

國內學者對財務困境脫困的界定非常統一。中國特別處理製度為ST公司的脫困研究提供了寶貴的數據資料，儘管研究數量有限，但現有研究絕大部分以ST或＊ST的摘帽作為脫困界定標準。趙麗瓊（2008，2009），路璐（2010），顏秀春、徐晞（2012），和麗芬、朱學義、王傳彬（2014），馬若微、魏琪瑛（2015）在脫困樣本的確定上均採取了以上方法。

[①] 2003年5月8日開始，證交所將對公司股票實行特別處理包括兩類：（1）終止上市風險的特別處理（簡稱「退市風險警示」，啟用新標記＊ST）；（2）其他特別處理（ST）。自此，ST成為其他特別處理（ST）和退市風險警示（＊ST）的統稱。

1.1.3 本書的財務困境脫困界定

本書界定財務困境為由於財務狀況異常而被特別處理（包括 ST 和 *ST，以下統稱為 ST）的上市公司。將這些公司的最終「脫星摘帽」並恢復正常交易界定為財務困境公司的脫困。

1.2 研究背景

自從 1990 年滬深兩個證券交易所成立至今，中國證券市場歷經初創、試驗、規範、轉軌進而進入當前的重塑階段。伴隨著證券市場的發展，上市公司的財務困境問題逐漸引起各方的關注。證券市場上 ST 公司的引致原因、脫困方式、脫困後業績狀況成為困境公司研究的著眼點。

ST 及 *ST 是「special treatment」的縮寫。中國證監會 1998 年 3 月 16 日發布《關於上市公司狀況異常期間的股票特殊處理方式的通知》，要求上交所、深交所根據其股票上市規則，對異常狀況的上市公司股票交易實行特殊處理。其目的主要是保護投資者利益和相關信息及時披露。1998 年 4 月 28 日，「遼物資 A」因連續兩年虧損，被深交所實施特殊處理，股票名稱前冠以「ST」，成為中國證券市場歷史上第一只 ST 股票。

1999 年 7 月 3 日，上交所和深交所分別發布《股票暫停上市有關事項的處理規則》和《上市公司股票暫停上市處理規則》，根據《中華人民共和國公司法》（以下簡稱《公司法》）《中華人民共和國證券法》（以下簡稱《證券法》）和《股票上市規則》有關規定，對股票暫停上市做出具體的處理細則，並對此類公司股票的投資者提供「PT 服務」。「PT」是特別轉讓「particular transfer」的縮寫，指連續 3 年虧損的上市公司被暫停上市之後，證交所和相關會員公司在每周五為投資者提供的一種交易服務。

隨著證券市場發展，投資者呼籲建立退出機制。2001 年 2 月 22 日，證監會發布《虧損上市公司暫停上市和終止上市實施辦法》，對連續三年虧損的上市公司暫停上市、恢復上市和終止上市的條件、法律程序、信息披露、處理權限等做出詳細規定。該辦法的實施，標誌著中國股市的退出機制正式出抬，證券市場「只進不退」的現象將成為歷史。

2001 年 6 月，上交所、深交所修改股票上市規則，增加對財務狀況異常和其他狀況異常的解釋。其中財務狀況異常主要包括：①最近兩個會計年度審

計結果淨利潤均為負值；②最近一個會計年度審計結果股東權益低於註冊資本；③ CPA 對最近會計年度報告出具無法表示意見或否定意見審計報告；④調整後最近一個年度股東權益低於註冊資本；⑤調整後連續兩個會計年度虧損；⑥其他財務狀況異常。明確了特別處理的兩大類別。

2002 年 1 月，修改後的《虧損上市公司暫停上市和終止上市實施辦法》正式實施。同年 2 月，上交所、深交所再次修改上市規則，取消 PT 製度，規定上市公司連續三年虧損，暫停其股票上市，暫停上市後其股票停止交易。

2003 年 5 月，滬深交易所第六次修訂股票上市規則，關於特別處理的規定如下：上市公司出現財務狀況或其他狀況異常，導致其股票存在終止上市風險，或投資者難以判斷公司前景，其投資權益可能受到損害的，證交所將對該公司股票交易實行特別處理：終止上市風險的特別處理（簡稱「退市風險警示」，即 *ST）和其他特別處理（ST）。自此，中國證券市場上開始了 *ST 與 ST 並存的局面，每年都會出現因各種原因而被 ST 或 *ST 的公司。

上市公司被 ST 或 *ST 之後，其競爭能力弱化，償債能力、獲利能力下降，想要生存下去必須採取相應措施。現實中，一部分公司通過改善經營，提高收入、降低成本費用而脫星摘帽，但大部分 ST 或 *ST 公司採取了不同方式的資產重組策略來謀求脫困。2012 年 7 月，上交所和深交所先後頒布並實施了新退市製度，ST 與 *ST 公司更是面臨前所未有的壓力，其重組活動和重組力度愈加頻繁。這些重組很多是緣於控股股東的支持，也有一部分發生了控製權轉移和控股股東變更。發生重組的 ST 或 *ST 公司有些成功脫困，有些則未能成功脫困，而脫困公司的市場績效與經營績效也存在相應差異，這些現實引發我們一系列的思考：上市公司陷入財務困境之後，採取了哪些重組策略？這些重組策略對脫困公司業績水平存在何種影響？財務困境公司脫困後業績如何提升？本書在借鑑國內外學者相關成果的基礎之上，針對上述一系列問題展開研究。

1.3 研究意義

上市公司作為國民經濟持續發展的價值支撐，構成整個市場經濟的微觀基石，其財務狀況直接影響到證券市場的發展水平。每個上市公司在生產經營過程中都有可能會遇到財務困境，而想方設法謀求脫困也是這些公司的最直接行動。當公司被 ST 或 *ST 之後應採取何種策略脫困，這一問題已經引起很多學

者的探討和關注。然而，脫困後這些上市公司的業績狀況到底如何提升？研究者非常寥寥。公司脫困後的業績是保證其後續持續健康發展的重要前提。因此，研究財務困境公司脫困後的業績狀況，提出財務困境公司脫困後的業績優化與提升策略，對於當前的財務困境研究無疑是非常必要的補充。

1.4 文獻綜述

1.4.1 國外研究

國外對財務困境的研究始於20世紀60年代，對困境公司脫困的研究則始於80年代，針對脫困公司業績的研究主要集中於困境公司重組之後的績效狀況。包括市場績效和經營績效。市場績效主要體現在股票價格上，根據期限長短，又可分為短期市場績效（也稱公告效應）和長期市場績效。

在短期市場績效即公告效應方面，國外的文獻主要針對破產公告和重組公告。Clark & Weinstein（1983）使用數據，對破產公告前後的超額收益進行了研究，發現破產公告前1天到公告後1天的累計超額收益為-0.47%；Lang & Stulz（1992）在研究破產公告對破產企業競爭對手權益價值的影響時，也發現從公告前5天到公告後5天之間、公告前1天到公告日當天，破產企業經歷了平均28.5%和21.66%的損失。由於破產企業的恢復沒有明確界定日期，國外對於該方面的市場效應研究主要針對併購重組而展開，而且並沒有將重組對象限定在財務困境公司。Dodd（1980）針對1971—1977年間的美國上市公司併購重組進行研究，發現併購方的累計超額收益率在公告日前40天為5.37%。Jensen & Ruback（1983）研究也發現，重組採用兼併方式時目標公司股東享有20%的超額報酬，採用接管方式時目標公司股東享有30%的超額報酬。

長期市場績效方面，國外學者很多針對財務健康公司的重組效應進行研究。如Franks & Harris（1989）在分析接管公司的股東財富後發現，併購創造價值，被併購方獲得長期超額收益。Agrawal & Jaffe（2000）通過總結1974—1998年的22項收購公司長期市場績效研究文獻發現，兼併的長期超額收益為負，而要約收購的長期超常收益非負甚至為正，現金支付的併購長期超常收益為正，股票支付的併購長期超常收益為負。Moeller等（2003）以1980—2001年發生的併購事件為樣本，研究發現小規模公司在併購重組中獲得較明顯的股東財富增加，大公司卻遭受了顯著的財富損失。

國外對困境擺脫後經營績效的衡量也主要針對困境公司的破產重組而展

開。James & David（2000）針對澳大利亞困境公司的研究發現，重組成功公司的利潤更高，短期清償能力更好；Sudarsanam & Lai（2001）考察了 166 家財務困境公司的重組策略，發現脫困公司和非脫困公司採用了非常類似的策略組合，只是非脫困公司重組效率遠低於脫困公司；Bergstrom & Sundgren（2002）研究 28 家財務困境公司的重組類型、組織結構變化及其對業績的影響。結果表明，重組前後公司的績效沒有顯著變化。Laitinen（2005）針對財務困境公司的重組效果進行研究，發現債務重組對財務績效有積極的促進作用。

1.4.2 國內研究

國內脫困公司業績研究主要針對 ST 公司的重組或摘帽展開，大部分支持績效未改善觀點。陳劭（2001）運用超額收益法針對中國 A 股市場的特別處理公告反應進行研究，發現市場對該公告有顯著的負反應；王震（2002）選取 1998—2000 年被 ST 的公司作為樣本，詳細分析被特別處理公司公告的信息含量，發現 ST 公告的（-40，+40）事件窗口期內的累計超額收益為負。儘管 ST 公司摘帽有明確的公告及日期界定，但國內對 ST 公司脫困的短期市場效應研究依然主要針對公司的重組公告而展開：陳收、鄒鵬（2009）的研究發現，牛市中 ST 公司的重組公告對其股票價格產生負的衝擊，而熊市中則產生正的衝擊；劉黎等（2010）以 1995—2005 年間發生資產重組的 ST 公司為樣本，發現在重組公告（-30，+30）窗口期內，重組 ST 公司的短期績效為正。也有學者針對 ST 公司的摘帽公告進行專門研究：唐齊鳴、黃素心（2006）針對中國證券市場 ST 公布和 ST 撤銷事件的市場反應進行研究發現，市場對摘帽消息反應延遲，對戴帽消息則反應過度；孟焰、袁淳、吳溪（2008）的研究發現，非經常性損益製度監管之後，ST 公司摘帽的市場正向反應明顯減緩。這兩項均是從中國證券市場的有效性以及製度完備角度所做的研究，沒有針對 ST 公司的脫困後績效展開探討。

在長期市場績效方面，國內文獻較多地支持重組長期超額收益為負的觀點：陳收、羅永恒、舒彤（2004）對 1998 年實施併購的上市公司進行 1-36 個月的累積超常收益率和購買持有超常收益率進行實證後發現，收購方企業的累積平均超常收益率不顯著異於 0，收購後 3 年的購買持有超常收益率顯著為負；呂長江、宋大龍（2007）針對 1999—2002 年控製權轉移的重組案例進行分析，發現投資者持有控製權轉移後企業股票短期能夠獲得超額收益，長期則不能實現超額收益。也有學者針對 ST 公司的重組或摘帽而進行的長期市場績效分析：陳收、張莎（2004）用事件研究法對 2000 年發生重組的 28 家 ST 公

司進行研究，發現重組公告後 3 年內的累計超額收益率為 11.44%，顯著為正；趙麗瓊（2011）以 2003—2007 年 ST 公司為樣本，研究其摘帽恢復績效，發現摘帽當月長期持有超額收益為正，摘帽後三年長期持有超額收益為負，股東財富水平下降 2.32%。

經營績效方面，國內學者大部分支持重組績效未改善的觀點。張玲、曾志堅（2003）對 ST 公司和非 ST 公司的重組績效分別進行分析，結果顯示，不論是 ST 公司還是非 ST 公司重組的績效都不理想，ST 公司在重組當年獲得了業績的稍許提高，之後又開始下降；呂長江、趙宇恒（2007）針對 1999—2001 年進行資產重組的 78 家 ST 公司進行了研究，發現重組可給 ST 公司績效帶來即時效應，但並未帶來以後年度業績的全面改善和提高；劉黎等（2010）的研究也發現，ST 資產重組第 1 年業績改善，第 3 年經營業績明顯惡化。趙麗瓊、柯大剛（2009）以 1999—2002 年摘帽 ST 公司的首次重組為起始月，研究脫困後的經營績效，發現 ST 公司重組雖然從盈利上達到了摘帽的要求，但摘帽後資金嚴重不足，沒有持續發展能力，業績沒有真正提高。

1.4.3　文獻評述

以上分析可知，國內外針對困境公司脫困業績方面的研究絕大部分都針對這些公司的「重組」，且其研究結論並不一致。James 等的研究認為重組後利潤會升高，Bergstrom 的研究表明重組後困境公司業績並無顯著改善。國內學者普遍認可困境公司重組不能改善其經營業績，脫困公司的業績並未好轉。但是，上述研究沒有就財務困境公司脫困之後的業績提升與持續發展提出相應的方法，也鮮少有研究針對脫困後的業績優劣進行分類和追蹤，探求困境公司脫困之後的業績提升問題。而該問題恰恰是財務困境公司脫困之後最應被關注的問題。本書以 ST 公司作為困境公司樣本，以「摘帽」作為困境公司的「脫困」，研究中國 ST 公司脫困後的短期市場績效和長期經營績效，以及這些困境公司脫困後的業績如何提升。

1.5　研究思路與方法

本書在借鑑前人相關研究成果的基礎上，首先對財務困境公司的脫困途徑與重組選擇策略進行分類，然後，針對脫困公司的短期市場業績、長期市場業績、長期經營業績進行衡量分析，區別不同脫困途徑其脫困後業績的差異狀

況，判斷脫困後業績水平與重組策略之間的關係；接著，針對財務困境公司脫困之後的業績表現，將其分為績優、績差兩組，探求這兩組之間的差異特徵，實證分析脫困公司業績優化與提升途徑；最後，提出財務困境公司脫困後業績提升的建議策略。具體研究思路如圖1-1所示：

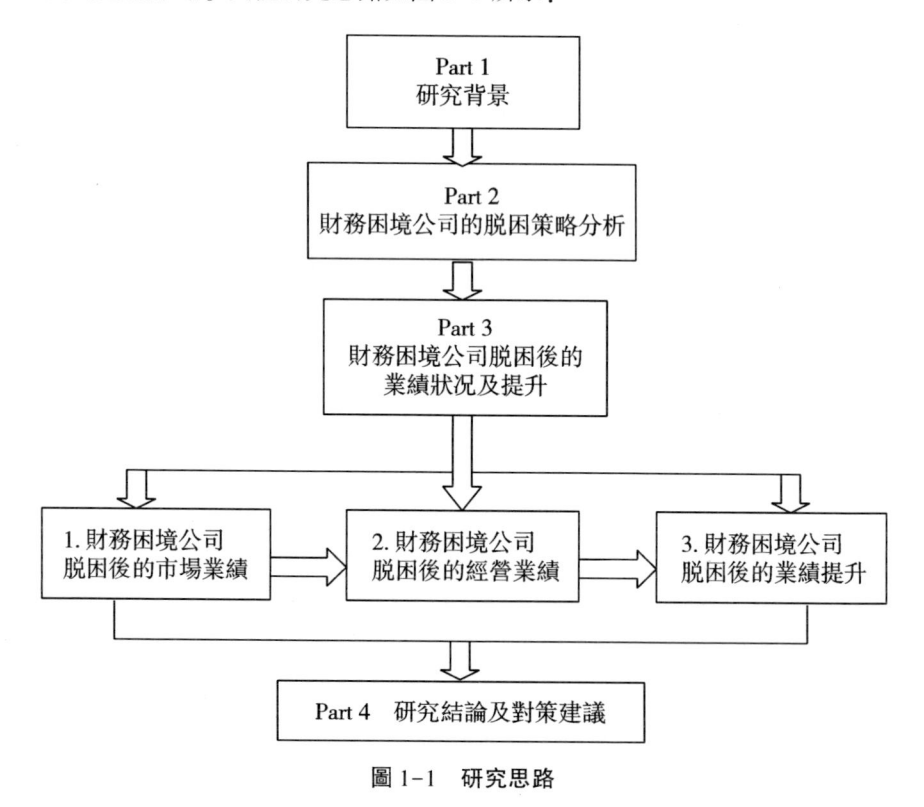

```
┌─────────────────────┐
│      Part 1         │
│      研究背景         │
└─────────────────────┘
           │
           ▼
┌─────────────────────┐
│      Part 2         │
│ 財務困境公司的脫困策略分析 │
└─────────────────────┘
           │
           ▼
┌─────────────────────┐
│      Part 3         │
│  財務困境公司脫困後的   │
│    業績狀況及提升      │
└─────────────────────┘
    │       │       │
    ▼       ▼       ▼
┌────────┐┌────────┐┌────────┐
│1.財務困境││2.財務困境││3.財務困境│
│公司脫困後││公司脫困後││公司脫困後│
│的市場業績││的經營業績││的業績提升│
└────────┘└────────┘└────────┘
           │
           ▼
┌─────────────────────┐
│ Part 4  研究結論及對策建議 │
└─────────────────────┘
```

圖1-1　研究思路

　　本書採用規範與實證相結合的研究方法。規範研究方法包括理論分析、歷史回顧、製度分析；實證研究方法包括描述性統計、比較分析、logistic迴歸、因子分析法、事件研究法、會計指標法和多元線性迴歸等具體方法。

2 財務困境公司的脫困策略分析

2.1 財務困境公司脫困重組的製度背景

縱觀國內外財務困境公司的脫困途徑，重組可謂其必經之路。財務困境公司脫困重組的製度背景主要包括三個方面：①證券市場 IPO 製度；②退市製度與 ST 或 *ST 製度；③法人大股東的集中控製。

2.1.1 證券市場 IPO 製度

IPO 製度即新股發行製度，作為證券市場的基礎製度，其合理性與完善程度直接決定上市公司質量，影響證券市場資源的利用效率，以及資本市場的穩定與國民經濟的健康發展。中國的證券市場 IPO 製度按照管理特徵可以分為四個階段：1991—1998 年的審批制時期；1999—2003 年的核准制時期；2004—2015 年的企業上市保薦製度；2016 年之後的註冊製度①。

雖然歷經四個階段，但就當前情況看，尤其是註冊制尚未真正實施的當下情況看，前三個階段的 IPO 審核本質並未改變。中國證券市場 IPO 製度從誕生至目前一直處於各種爭議乃至批評中，其根本原因在於，早期基於政府對經濟

---

① 2015 年 12 月 9 日，國務院召開常務會議，通過提請全國人大常委會授權國務院在實施股票發行註冊制改革中調整適用《中華人民共和國證券法》有關規定的決定草案。草案明確規定，在決定施行之日起兩年內，授權對擬在上海證券交易所、深圳證券交易所上市交易的股票公開發行實行註冊製度。2015 年 12 月 27 日，第十二屆全國人大常委會第十八次會議通過了《關於授權國務院在實施股票發行註冊制改革中調整適用<中華人民共和國證券法>有關規定的決定》，對股票上市實施註冊製度提供法律調整依據。該決定的實施期限為兩年，決定自 2016 年 3 月 1 日起施行。2016 年 1 月，證監會新聞發言人稱，全國人大常委會通過的註冊制改革授權決定 2016 年 3 月 1 日起實行，這並不是註冊制改革正式啟動的起算點。3 月 1 日是指全國人大常委會授權決定兩年內施行期限的起算點，註冊制改革實施的具體時間將在完成有關製度規則後另行提前公告。

運行的「父愛」情結而設立的 IPO 審核制已經不能適應當前市場經濟的發展。在註冊制改革實施的具體時間尚未出抬之前，上市門檻依然嚴苛，殼資源依然值錢，一些已經嚴重虧損的 ST 公司及其控股股東想方設法要保住上市資格，往往採取大規模資產置換、剝離等重組策略，關聯交易嚴重。甚至一些公司多年來在 *ST 到 ST、再從 ST 到 *ST 之間徘徊而不退市，則不利於證券市場的優勝劣汰。

2.1.2 退市製度與 ST 或 *ST 製度

退市是指上市公司股票在證券交易所終止上市交易，它是資本市場建設的基礎性製度之一。退市製度的實施有利於提高上市公司整體質量，以優勝劣汰機制淨化市場，從而優化資源配置，提高對投資者的保護和促進證券市場健康發展。

中國上市公司的退市製度源於 1994 年 7 月 1 日起實施的《公司法》。不過，該法只是初步規定了上市公司股票暫停上市和終止上市的條件，可操作性不強。1998 年證監會引進 ST 製度，其核心內容是對兩年連虧上市公司實行 ST，ST 公司股票的日漲跌幅度限制為 5%，中期財務報告必須經過審計。2001 年 2 月，證監會發布《虧損上市公司暫停上市和終止上市實施辦法》，並於 2002 年 1 月修訂實施。該辦法規定，若上市公司連續三年虧損，其股票暫行上市，暫停上市期間如果年度淨利潤依然為負，則被摘牌退市。這是中國證券市場退市製度的正式啓動。該退市製度的實施從淨利潤指標對上市公司暫停上市和退市做出規定，同時也為 ST 公司的摘帽設置了原則性期限。暫停上市和退市的壓力促使 ST 公司採取各種措施擺脫困境，重組對於 ST 公司的摘帽具有顯著的效果（呂長江、趙宇恒，2007）。

2003 年 5 月，滬深交易所發布《關於對存在股票終止上市風險的公司加強風險警示等有關問題的通知》，開始啓動「退市風險警示」即 *ST 製度。從此，中國證券市場上開始了 ST 與 *ST 並存的局面，而且人們習慣將兩者合併簡稱為「ST」。

2012 年 6 月，《關於完善上海證交所上市公司退市製度的方案》《關於改進和完善深圳證券交易所主板、中小企業板上市公司退市製度的方案》相繼出抬，退市法律規範又一次成為各方關注的焦點。按照新規定，退市標準主要包括：①上市公司最近一年年末淨資產為負數，實行退市風險警示；②上市公司最近兩年營業收入均低於 1,000 萬元，實行退市風險警示；最近三年營業收入均低於 1,000 萬元，暫停上市；最近四年營業收入均低於 1,000 萬元，終止

上市；③連續三年被出具無法表示意見或否定意見的，終止上市。可以說，新的退市規則對 ST 和 *ST 公司的摘帽時間、要求設置了具體的數量和非數量指標，各指標如期達到，則能繼續交易，否則面臨摘牌退市。因此，ST、*ST 公司面臨比以往更加嚴峻的挑戰。作為新的退市製度的緩和，滬深交易所於 2012 年 7 月先後發布再次修改的《股票上市規則》，不再將「扣除非經常性損益後的淨利潤為正」①作為 ST 公司摘帽的必要條件。該項規定的變革為 ST 或 *ST 公司的重組摘帽提供了更為充分的運作空間。

2014 年 10 月，證監會發布《關於改革完善並嚴格實施上市公司退市製度的若干意見》（以下簡稱《意見》），並於同年 11 月 16 日起施施。該意見主要從五個方面改革完善退市製度：①健全上市公司主動退市製度；②實施重大違法公司強制退市製度；③嚴格執行不滿足交易標準要求的強制退市指標；④嚴格執行體現公司財務狀況的強制退市指標；⑤完善與退市相關的配套製度安排。《意見》的實施，再次強調了資本市場的退市規則及其執行。

2.1.3 法人大股東集中控製

中國證券市場的法人大股東集中控製是由其特殊的歷史背景造成的。20 世紀 90 年代初，中國股票市場建立，其直接目的是為國企籌集資金。很多國企經營狀況不佳，為了達到規定的上市條件，在改組為股份有限公司之前往往會剝離劣質資產，將符合上市要求的高質量資產注入股份有限公司，原有企業成為股份公司的母公司。後來，隨著 IPO 製度的不斷發展，一部分在當地做大做強的民營企業集團也在政府支持下採取以上模式將其控股公司成功上市。造就了中國證券市場上法人股東集中控製特徵。從圖 2-1、表 2-1 可見：2014 年年底的 2,631 家 A 股上市公司中，第一大股東為法人的公司家數為 1,995 家，占比 75.83%。如果扣除中小板和創業板的 1,159 家公司，滬、深主板 1,472 家 A 股上市公司中，第一大股東為法人的公司數量 1,405 家，占比 95.45%，自然人大股東公司比例僅為 4.55%。

---

① 2001 年 6 月開始，滬深交易所將「扣除非經常性損益後的淨利潤為正」作為 ST 公司的摘帽條件之一。

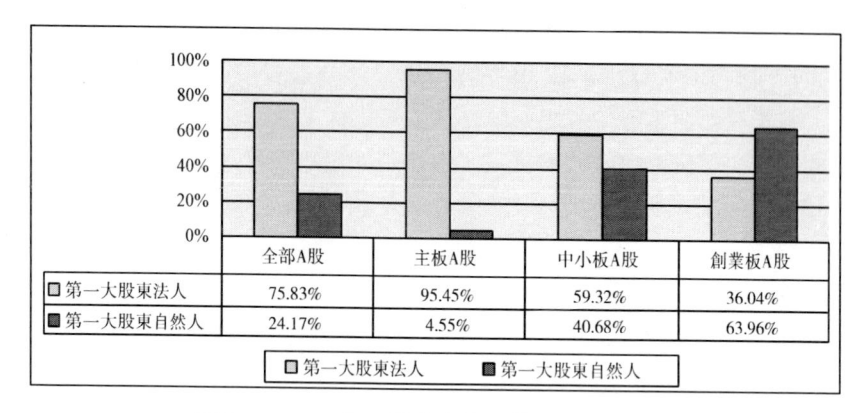

圖 2-1　2014 年 A 股上市公司第一大股東情況

第一大股東情況	全部 A 股	主板 A 股	中小板 A 股	創業板 A 股
第一大股東法人	1,995	1,405	439	151
第一大股東自然人	636	67	301	268
合計數量	2,631	1,472	740	419

表 2-1　2014 年 A 股上市公司第一大股東情況

數據來源：國泰安數據庫。

另外，這些大股東的持股比例也非常集中。見表 2-2，2014 年年底的 2,631 家 A 股上市公司中，第一大股東持股比例在 50% 以上的公司共 501 家，占全部 A 股上市公司數的 19.04%，其中，最高持股比例達 89.41%；第一大股東持股比例在 30% 以上的公司共 1,539 家，占全部 A 股公司數量的 58.49%，將近 60%；第一大股東持股比例在 10% 以下的公司僅 42 家，占全部 A 股公司的 1.60%。法人大股東集中控制的屬性顯現無遺。

表 2-2　2014 年 A 股上市公司控股股東持股情況

持股比例	50%以上	40%-50%	30%-40%	20%-30%	10%-20%	10%以下	合計
公司家數	501	465	573	662	388	42	2,631
比例(%)	19.04	17.67	21.78	25.16	14.75	1.60	100

註：此表根據中國證監會《中國證券期貨統計年鑒（2014）》與國泰安數據庫資料共同計算得到。

事實上，中國證券市場的這種大股東集中控制由來已久，見表 2-3。2005 年及以前，第一大股東持股比例平均均在 40% 以上，而前兩大股東持股比例均

在50%以上。2005年4月證監會正式啓動股權分置改革，2006年的股權過度集中情況稍有緩解，第一大股東持股比例從2006年至2013年一直穩定在36%左右的水平，前兩大股東持股比例則在45%左右。2014年稍微下降，第一大股東持股比例為35.48%，前兩大股東持股比例為44.83%。然而，結合表2-2、圖2-1的情況看，證券市場的法人大股東集中控製特性依然非常明顯。

表2-3　　　　1998—2014年上市公司控股股東持股情況

年份	公司數量（家）	第一大股東持股比例(%)	第二大股東持股比例(%)	前兩大股東持股比例(%)	前五大股東持股比例(%)
1998	830	45.66	7.74	53.40	59.57
1999	922	45.44	7.99	53.43	59.69
2000	1,085	44.30	8.24	52.54	58.73
2001	1,133	44.03	8.29	52.32	58.49
2002	1,198	43.45	8.74	52.19	58.65
2003	1,259	42.50	9.26	51.76	58.59
2004	1,346	41.63	9.83	51.46	58.77
2005	1,344	40.30	9.84	50.14	57.46
2006	1,427	36.22	9.20	45.42	52.79
2007	1,545	35.97	8.97	44.94	52.22
2008	1,600	36.26	8.95	45.21	52.32
2009	1,749	36.59	8.94	45.53	52.99
2010	2,051	36.55	9.36	45.91	54.11
2011	2,320	36.18	9.64	45.82	54.31
2012	2,469	36.32	9.69	46.01	54.43
2013	2,514	36.11	9.50	45.61	53.86
2014	2,631	35.48	9.35	44.83	53.08

註：表中1998—2009年數據摘自劉建勇《中國上市公司大股東資產注入動因及經濟後果研究》（中國礦業大學博士論文，2011），2010—2014年數據根據《中國證券期貨統計年鑒(2014)》與國泰安數據庫資料共同計算得到。

Shleifer & Vishney（1986）認為，高股權集中度相對於分散的股權特徵，有利於所有者與經營者之間代理衝突緩解。因為大股東有能力且有動力對公司經營者進行監督。然而，股權集中度的提高，也會導致新的代理問題——大股東與小股東的利益衝突出現。因為大股東有足夠的能力和動機參與公司治理，在大小股東利益不完全重合的情況下，大股東可能以侵害中小股東利益為代價

謀求自身利益最大化。Johnson 等（2000）將該現象定義為「掏空」。La Porta（1997）曾指出：控股股東可以掏空上市公司來獲取私人收益，公司的控制權是有價值的。這種掏空和控制權價值主要通過併購重組以及關聯方交易來實現。然而，也有研究發現，大股東對上市公司除了掏空之外，也可能提供「支持」（Friedman 等，2003）。即大股東既有把資源從上市公司轉移出去的動機，也有向上市公司輸送資源的動力。支持的原因是多方面的，比如整合產業鏈、取得協同效應，獲取私人收益（大股東可能會利用其在董事會的權力，負向影響增發新股價格從而換取更多的新發股票數量）（劉建勇、朱學義、吳江龍，2011）。然而，比較令人信服的一種觀點是，「支持」是為了使處於困境中的上市公司擺脫困境，滿足監管部門對 ST 或 *ST 公司摘帽的明線規定。Johnson、Boone、Breach 和 Friedman（2000）的研究就曾發現：當公司的投資回報率暫時較低，為了保持未來繼續掏空的能力，控股股東將採取各種方式支持上市公司。所以，這種支持的目的並非僅為了支持，而是支持後期望上市公司能夠為自身帶來更大的利益，或者說，為了將來能夠更多地掏空。只有將掏空、支持這兩種看似相反的動機結合起來，對證券市場中大股東動機的分析才會更加客觀和完整。

2.2　財務困境公司脫困重組的理論分析

2.2.1　重組的效率理論

效率理論認為，企業間的重組活動是一種能夠為社會帶來潛在增量效益的行為。通過重組，公司可以獲得管理與資源利用的協同效應，從而為社會創造價值。根據對效率來源的不同解釋，效率理論又可以分為效率差異化理論、經營協同效應理論、多角化經營理論和戰略規劃理論。

（1）效率差異化理論。重組效率理論的最一般解釋是：重組雙方在效率上存在差別。如 A 公司的管理者比 B 公司的管理者更有效率，那麼在 A 公司收購 B 公司之後，B 公司的管理效率會提升至 A 公司的水平，使得 B 公司的管理效率通過重組而得到提升。財務困境公司如果被一家管理效率更高的公司收購，則其提高管理水平和擺脫困境的可能性就大大增強。

（2）經營協同效應理論。經營協同效應是指重組雙方通過重組行為使各自的生產經營活動在效率和效益方面有所提升，重組併購會產生優勢互補、規模經濟、市場佔有率擴大等一系列的好處。經營協同效應理論假設行業中已經

存在規模經濟，而併購前雙方經營水平均達不到此規模經濟要求，企業進行重組的一個重要的目的，就是為謀求雙方的經營協同。如 A 方可以利用 B 方成熟的銷售渠道，而 B 方也可利用 A 方高水平的管理團隊。經營協同效應不僅可以擴大市場份額和降低成本，而且使重組雙方達到各項資源的協同互補。

（3）多角化經營理論。多角度經營理論是基於經濟學中「不要將所有雞蛋放在一個籃子裡」的理念，其目的就是擴大市場同時又合理規避風險。公司在單一經營模式下，其管理層和員工會承擔較大的風險，一旦環境變化或不利政策出抬衝擊到公司經營業務，很可能使企業陷於困境。而分散的多角化經營模式可以分散股東投資回報來源，降低企業經營風險。對於困境公司而言，重組所帶來的多角化經營會對原有業務的虧損進行補償，甚而幫助公司盈利並扭轉困境。

（4）戰略規劃理論。戰略規劃理論認為公司重組可以調整公司的短期或長期戰略規劃。財務困境公司陷入困境的原因儘管是多方面的，但積極行動、改變戰略是其盡快恢復的重要手段。困境公司有時受限於嚴重虧損和流動性不足不能很好地實施恢復戰略，而重組可以為公司注入新的動力和資源，以促進公司調整戰略和盡快脫困。

2.2.2　重組的信號傳遞理論

重組的信號傳遞理論認為：上市公司進行併購重組，無論其重組行為最終成功與否，目標公司股價也會在收購過程中被重新提高估價（Dodd and Richard，1977）。該理論在中國證券市場實踐中的體現尤其明顯。當 ST 或 *ST 公司發布重組意向公告，股價會在短時期內異動上漲。這是由於市場對重組信息的分析，考慮到重組後困境公司摘帽和雙方業務領域合作的美好前景，以及當前公司股票價格可能被低估的可能性，投資者會加大該股票的持有量從而導致公司股票市場價格的上升。當然，如果重組未能成功或是即使成功而 ST 公司未能如期摘帽，股價又會迅速回跌，但是，一部分內幕信息擁有者卻已獲得了超額的回報。

2.3　財務困境公司的脫困重組策略及方式

財務困境公司的脫困重組策略及方式，是指上市公司被 ST 或 *ST 之後所進行的重組策略的選擇。本書對困境公司的重組行為策略分為兩大類：內部重

組，指通過公司自身的管理效率提高和業務整合而應對困境的一種重組行為，在內部重組下，公司與其他法人主體之間不發生資產轉移、股權轉移等聯繫；外部重組，指公司與其他法人主體之間發生資產轉移、股權轉移等聯繫。其中，外部重組又分為三類：①支持性重組，指 ST 或 *ST 公司在股東支持下發生的各種資產重組，具體包括吸收合併、債務重組、資產剝離、資產置換、非控製權轉移的股權轉讓。②放棄式重組，指控股股東將所掌握的 ST 或 *ST 公司的控製權進行轉讓，由新的股東來控製該困境公司，並幫助其盡快脫困，其實質是控製權轉移的一種股權轉讓重組方式。③一般性重組，指公司依靠自身資產與外部法人主體之間發生的各種資產重組，既不涉及控股股東的支持，也不涉及公司控製權變更。

在對財務困境公司的重組策略進行分析之前，我們首先界定本書的基礎研究樣本。沿用國內學者的研究慣例，以上市公司特別處理（ST 和 *ST）作為其陷入財務困境標誌，以「摘帽」作為其脫困的標誌。選取 2012 年 1 月 1 日至 2012 年 12 月 31 日成功摘帽的 ST 或 *ST 公司。之所以選擇 2012 年度作為樣本來源期，是緣於當年退市新規出抬對財務困境公司的製度壓力，眾多困境公司紛紛採取各種方法摘星脫帽和恢復正常交易，以避免陷入退市新規的製度圖圍。2012 年當年從財務困境中成功脫困的公司共 72 家，其中 21 家公司在脫困後至當前又曾被 ST 或 *ST，51 家公司脫困後未再次陷入困境。我們認為再次被 ST 或 *ST 的 21 家公司嚴格上來說不能稱之為脫困公司，故在樣本選取中將其刪除；51 家成功脫困公司中，有 2 家為 B 股，其餘 49 家公司為 A 股上市公司，我們將 B 股公司去掉，將剩餘的 49 家 A 股上市公司作為本書的最終研究樣本。該 49 家公司均為主板上市公司，其中 14 家在深圳主板上市，35 家在上海主板上市。這些樣本公司的地域、行業情況見表 2-4、表 2-5。

表 2-4　　　　　　　　樣本公司地域分布情況

省份	ST 公司數量	省份	ST 公司數量	省份	ST 公司數量
廣東	5	新疆	3	重慶	2
上海	5	甘肅	2	北京	1
山東	4	海南	2	福建	1
湖南	3	湖北	2	河北	1
吉林	3	江蘇	2	河南	1
遼寧	3	山西	2	黑龍江	1
陝西	3	天津	2	浙江	1

表2-5　　　　　　　　　　樣本公司行業分布情況

所屬行業	ST公司數量	所屬行業	ST公司數量
製造業	31	科學研究和技術服務業	1
綜合類	4	水利環境和公共設施管理業	1
農林牧漁業	3	文化體育和娛樂業	1
房地產業	3	信息傳輸軟件和信息技術服務業	1
批發和零售業	2	住宿和餐飲業	1
採礦業	1	合計	49

從表2-4可見：財務困境公司的地域分布較為廣泛，遍布21個省、市、自治區，49家樣本公司中，廣東、上海各5家，山東4家，湖南、吉林、遼寧、陝西、新疆各3家，海南、湖北、江蘇、陝西、天津、重慶各2家，北京、福建、河北、河南、黑龍江和浙江各1家。表2-5顯示了這些公司陷入財務困境時的行業狀況：製造業31家，綜合類4家，3家房地產業、農林牧漁業，2家批發和零售業，剩下的採礦業、科學研究和技術服務業、水利環境和公共設施管理業、文化體育和娛樂業、信息傳輸軟件和信息技術服務業、住宿和餐飲業都各1家，共涉及11個行業。

我們再看這些樣本公司的性質以及被ST或＊ST時的上市年齡。見圖2-2、圖2-3。49家困境公司中，30家為國有產權公司，占比61.22%，19家為民營產權公司，占比38.78%。這些公司陷入困境時距離上市時間絕大部分為第6至第10年（23家），其次是第11至第15年（18家），一小部分在5年以內和第16年至第20年期間。說明公司上市6年以後是陷入財務困境的高發期，管理者應密切關注經營狀況及相關風險，做好困境預防工作。

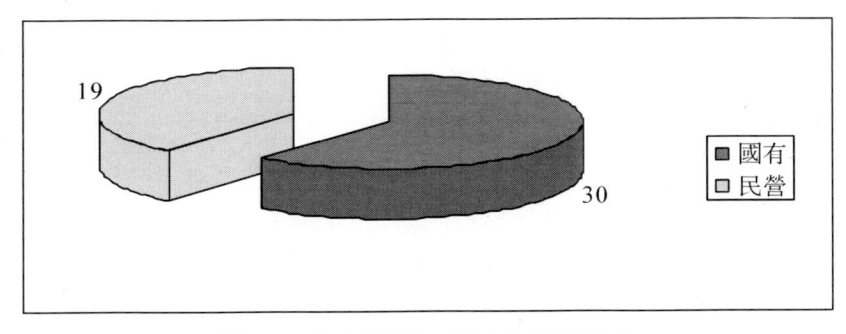

圖2-2　樣本公司陷入困境時的股權性質

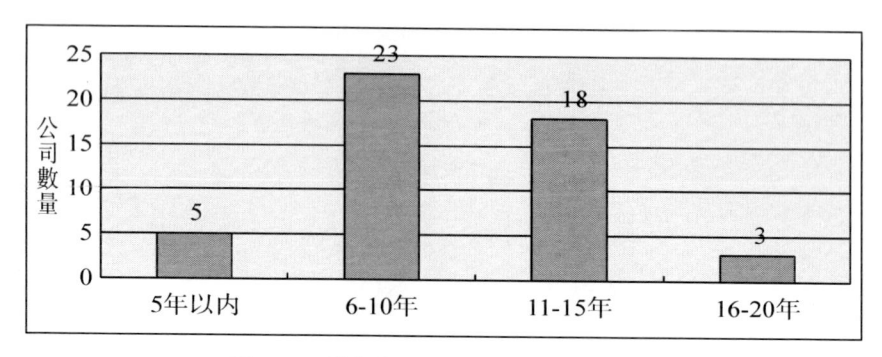

	5年以內	6-10年	11-15年	16-20年
公司數量	5	23	18	3

圖 2-3　樣本公司陷入困境時的股權性質

表 2-6 顯示了這些樣本公司陷入財務困境的原因：可以看出，絕大部分公司被 ST 的原因是因為經營不善而導致利潤下降並出現虧損，49 家樣本公司中的 41 家陷入困境是因為連續兩年虧損，占比 83.67%；審計否定、權益縮水、經營受損各占 2 家，分別占比 4.08%；由於信息披露違規以及投資風險而被 ST 原因各 1 家，占比 2.04%。而 2 家審計否定、1 家信息披露違規公司在被 ST 不久則又由於連續兩年虧損被 *ST，因此，嚴格來說，44 家公司陷入困境是由於虧損所致，5 家公司是其他財務狀況異常原因所致。

表 2-6　　　　　　　　樣本公司被 ST 或 *ST 的原因

樣本公司被 ST 原因	數量	占比
兩年虧損	41	83.67%
審計否定	2	4.08%
權益縮水	2	4.08%
經營受損	2	4.08%
信息披露違規	1	2.04%
投資風險	1	2.04%
合計	49	100%

我們再看這些困境公司的脫困時間，見圖 2-4。7 家公司在 1 年內脫困，6 家公司在 1-2 年內脫困，7 家公司在 2-3 年內脫困，5 家公司在 3-4 年內脫困，13 家公司在 4-5 年內脫困，6 家公司在 5-6 年內脫困，剩餘 5 家公司的脫困時間超過 6 年。這些公司的脫困時間最短半年，最長的一家歷經 10 年，平均脫困時間為 4.04 年。

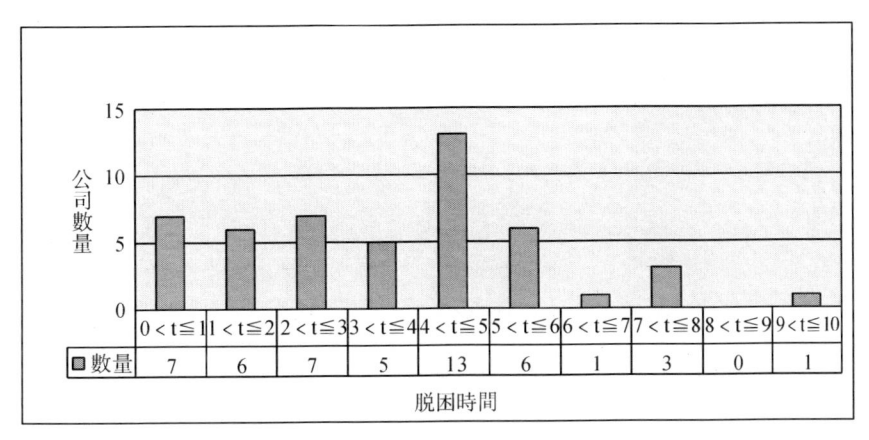

图 2-4　样本公司摆脱财务困境所用时间

2.3.1　重组总体情况

首先，我們看這些樣本公司的內、外部重組情況，見圖 2-5。49 家脫困公司中，有 46 家公司採取了外部重組策略，占比 93.88%。再次證明了 ST 公司對重組行為的利益趨向。其次，我們看圖 2-6 所列示的脫困公司的重組策略選擇。49 家脫困公司中，33 家選擇了支持性重組，占比 67.35%。內部重整 3 家，一般性重組 4 家，困境公司的重組選擇特徵非常顯，也說明了控股股東在上市公司陷入困境之後普遍採取了支持策略。

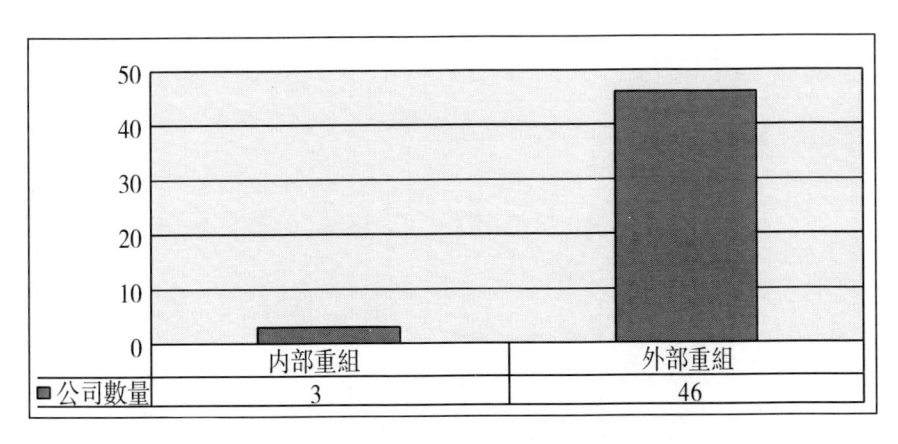

圖 2-5　脫困公司的內外部重組情況

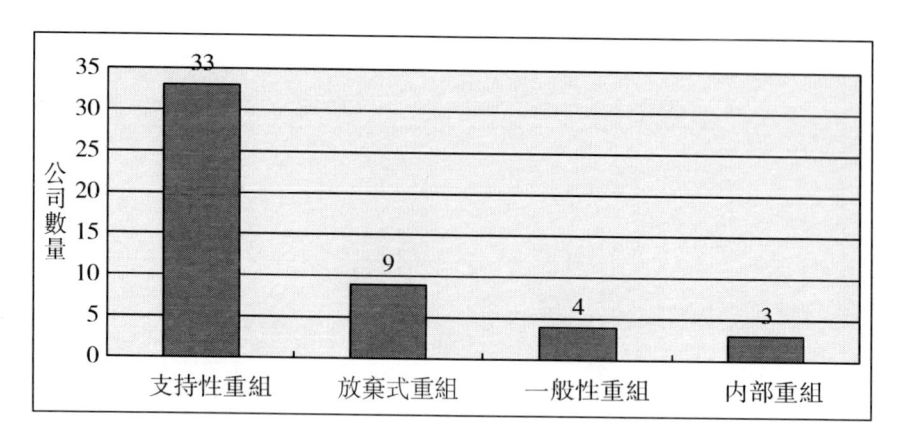

圖 2-6　脫困公司的重組行為選擇

2.3.2　重組次數

從發生外部重組的財務困境公司的重組情況看，46 家外部重組公司在其脫困期內共成功啟動重組 799 次，平均每家公司重組 17.37 次。其中，重組次數最高公司為中源協和（600645），該公司自從 2006 年 5 月被戴帽後更名為「ST 中源」。自 2009 年年初開始，公司共進行 65 次重組，涉及金額 2.48 億元。重組次數最少的公司是高淳陶瓷（600562），該公司在困境期間進行了 1 次股權轉讓，但涉及金額不高。

圖 2-7 顯示了不同重組次數的財務困境公司數量分布狀況，困境期間重組次數在 1-10 次的公司有 18 家，占比 39.13%，困境期間重組次數在 11-20

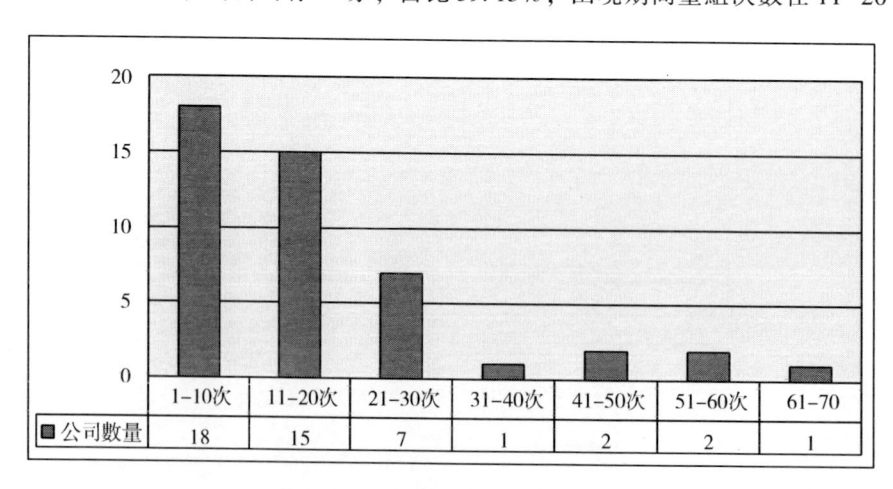

	1-10次	11-20次	21-30次	31-40次	41-50次	51-60次	61-70次
公司數量	18	15	7	1	2	2	1

圖 2-7　財務困境公司的重組次數

次的公司有 15 家，占比 32.61%。70%左右的困境公司重組次數在 20 次以內，也說明了財務困境公司的重組次數並非越多越好，關鍵是有效重組的質量和效果。

2.3.3 重組金額

從發生外部重組的財務困境公司的重組金額看，46 家外部重組公司在其脫困期內的重組總金額為 678.82 億元，平均每家公司重組金額 14.76 億元，重組金額比較高。圖 2-8 則顯示了這些發生外部重組的 46 家困境公司每種重組方式所發生的金額情況：資產收購方式的重組金額最高，為 324.47 億元，平均每家公司 7.05 億元；資產剝離重組方式金額居於第二位，總金額 126.33 億元，平均每家公司發生金額 2.75 億元；其餘三種方式：資產置換總金額 93.16 億元，平均每家 2.03 億元；股權轉讓總金額 75.30 億元，平均每家 1.64 億元；債務重組總金額 59.56 億元，平均每家 1.29 億元。可以看出，無論哪種重組策略，其重組總金額和公司平均發生額均非常可觀，再次印證了財務困境公司的重組摘帽驅動動機。

	股權轉讓	債務重組	資產剝離	資產收購	資產置換
■重組金額（億元）	75.30	59.56	126.33	324.47	93.16

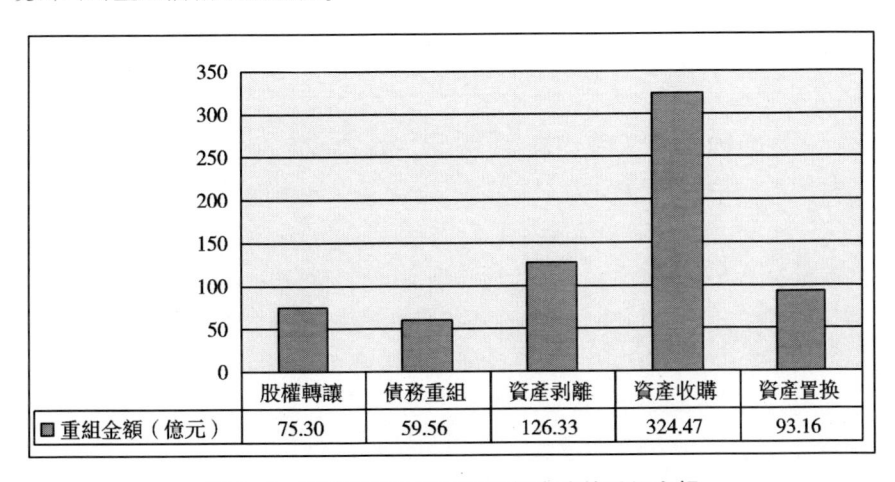

圖 2-8　財務困境公司不同重組方式的重組金額

2.3.4 具體重組方式

從 49 家財務困境公司的重組選擇方式及策略看，3 家公司未發生與外部其他法人主體的重組關係，依靠自身努力而脫星摘帽。其餘 46 家公司採取了不同方式的外部重組策略，涉及的具體策略包括股權轉讓、吸收合併、債務重組、資產剝離、資產收購、資產置換。這些具體策略的被實施次數情況見表

2-7。股權轉讓重組次數最高,涉及公司數量也較多,平均每家公司8.54次;資產剝離重組次數217次,居於第二,涉及公司數量最多,共42家,資產收購重組次數139家,涉及公司32家。債務重組實施次數95次,涉及公司19家。另外兩種方式的資產重組實施次數較少:資產置換12次,涉及公司9家,吸收合併3次,僅涉及1家公司。可以看出,公司陷入財務困境後最常採用的外部重組策略為股權轉讓,通過交替更換不同類別股東,為公司尋求更多角度的所有者支持;其次是剝離劣質資產,迅速提升業績水平;再次是進行資產收購,盡快獲取符合公司戰略發展的優質資產,謀求脫困。

表2-7　　　　　　　　　　財務困境公司的重組策略

具體重組策略	實施次數	涉及公司數量	平均次數/家
股權轉讓	333	39	8.54
吸收合併	3	1	3.00
債務重組	95	19	5.00
資產剝離	217	42	5.17
資產收購	139	32	4.34
資產置換	12	9	1.33

圖2-9顯示了不同重組策略財務困境公司的數量及脫困時間。46家採取了外部重組策略的財務困境公司中,只有4家公司採取了單一重組方式,其餘的42家公司均採取了兩種或兩種以上資產重組方式。從圖2-9的重組方式公司數量及脫困時間來看,大部分財務困境公司(41/46=89.13%)採取了兩至四種重組方式,採取單一重組方式與五種以上重組方式的公司比較少。而且,單一重組方式財務困境公司的平均脫困時間為3.5年,採用兩種重組方式的財務困境公司其平均脫困時間顯著降低,為1.8年;隨著重組方式的增多,財務困境公司的脫困時間又在逐漸上升。這說明在實踐中,ST公司重組的主要方式只有2-4種,且並非重組方式越多,公司脫困越快,重組方式過多有可能意味著前期的重組未能達到預期效果,而公司為了擺脫困境,不得不繼續採取其他的重組策略。

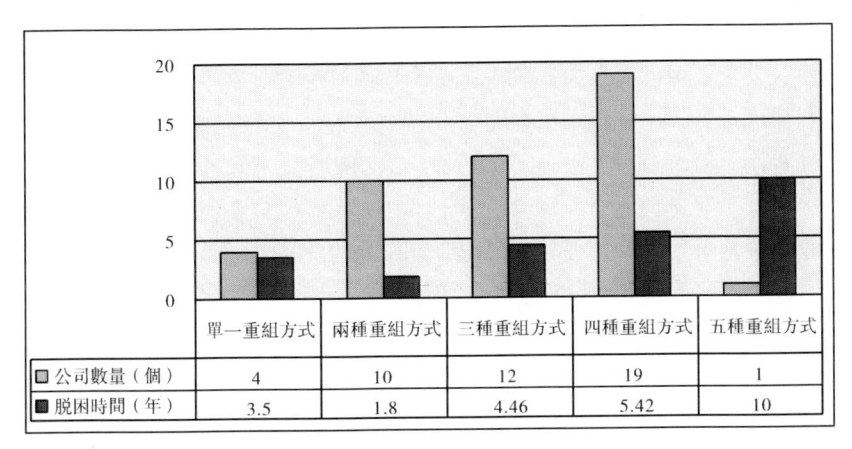

	單一重組方式	兩種重組方式	三種重組方式	四種重組方式	五種重組方式
公司數量（個）	4	10	12	19	1
脫困時間（年）	3.5	1.8	4.46	5.42	10

圖 2-9　不同重組方式財務困境公司的數量及脫困時間

2.4　理論分析框架

　　以上的理論分析表明，重組由於對財務困境公司的業績提升具有相應積極作用，無論是基於重組的效率理論還是信號傳遞的正能量作用，財務困境公司都具有重組的主動意願。我們之前對製度背景的分析表明：新的退市製度出抬以及 ST、*ST 製度規定使得財務困境公司面臨「扭虧避退」的巨大壓力，法人大股東集中控製、IPO 製度嚴格造成上市公司殼資源的珍貴和稀缺，又為財務困境公司重組渠道的開拓提供了便利和可能。因此，重組成為財務困境公司最頻繁使用的恢復策略和手段。

　　Chong-en、Qiao and Frank（2004）曾以「控製權競爭」來解釋中國 ST 公司的重組行為本質。我們認為，即使是股權分置改革已經完成，中國證券市場上大股東的集中控製依然存在，控製權的爭奪在中國證券市場上短期內會很少出現，「控製權競爭」對該問題缺乏解釋力。就 ST 公司頻繁重組的本質而言，本研究更認同「支持性重組」觀點（李哲等，2006）。鑒於控製權私有收益在中國較大規模存在（馬磊，2007），而 ST 或 *ST 公司重組的對象選擇會受到諸多限制，即便是重組成功，其摘帽與否也未可知。因此，控股股東的支持尤為重要。

　　然而，大股東的支持並不是無限制的。Polsiri 和 Wiwattanakantang（2004）曾對東南亞金融危機中泰國公司的重組行為進行研究，認為重組行為的本質是大股東對金融危機做出的反應。本文認為，這一論斷頗具洞察性。財務困境公司的重組本質，其實是大股東面對上市公司困境時所做出的反應，這種反應最

終體現在大股東對困境上市公司的重組行為選擇上。困境公司是否重組、如何重組，公司資源的所有者即股東，尤其是控股股東具有最終的話語權。當公司困境程度較低，出於對未來控製權收益的預期，控股股東會做出支持性選擇，通過資產重組方式向上市公司「輸血」；當困境公司的困境程度加重，控股股東認為其自身支持能力不足以使得上市公司脫困，或是經過權衡這種支持的成本收益嚴重不對等，控股股東可能會更傾向於放棄對困境公司的控製權，即將上市公司的股權轉讓給其他法人，為上市公司尋找另一個支持主體。

基於此，本書對困境公司的重組行為分為兩大類：內部重組，是一種無須支持也無須轉移的困境公司自我重整，這種重組行為一般是基於兩種完全不同的情況：一是困境公司的困境程度較低，有能力自我恢復，另外一種則是由於困境公司的困境程度過高，正常的支持無法令其脫困，而轉移控製權的重組卻無人接手；外部重組，指公司與其他法人主體之間發生資產轉移、股權轉移等聯繫。其中，外部重組又分為三類：①支持性重組，指 ST 或 *ST 公司在股東支持下發生的各種資產重組，具體包括吸收合併、債務重組、資產剝離、資產置換、非控製權轉移的股權轉讓。②放棄式重組，指控股股東將所掌握的 ST 或 *ST 公司的控製權進行轉讓，由新的股東來控製該困境公司，並幫助其盡快脫困，其實質是控製權轉移的一種股權轉讓重組方式。③一般性重組，指公司依靠自身資產與外部法人主體之間發生的各種資產重組。既不涉及控股股東的支持，也不涉及公司控製權變更。不同的重組選擇方式會對財務困境公司的脫困業績產生影響。故本書的理論分析框架如圖 2-10 所示。

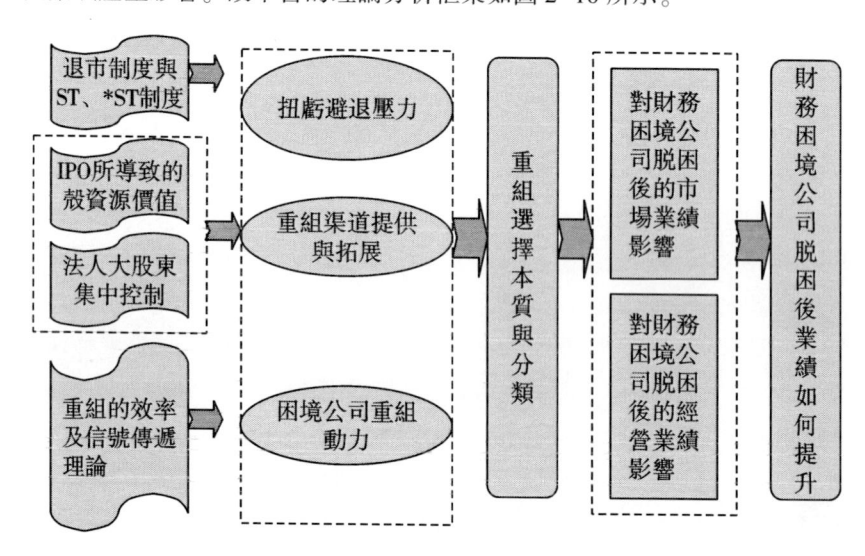

圖 2-10　理論分析框架

3 財務困境公司脫困後的短期市場業績

上市公司的市場業績主要體現在股票價格上，根據期限長短，可分為短期市場業績（也稱公告效應）和長期市場業績。由於股票價格體現在公告短期內的效應較大，故此處我們主要針對財務困境公司脫困後的短期市場業績進行分析。

3.1 摘帽公告效應

我們以在退市新規出抬的2012年度內成功脫困的49家A股上市公司為樣本，採用事件研究法研究這些公司摘帽公告的市場反應。事件研究法主要用以衡量某一事件發生後的公司股票價值表現。其核心是計算超額收益率和累計超額收益率。該方法主要檢驗「事件」宣布前後企業普通股收益是否高於根據市場風險與收益關係所測算的預測值。在這裡，我們採用短期事件研究法考察上市公司摘帽公告公開披露後的市場反應。借鑑前人的研究經驗，選取 $[-90, -21]$ 作為清潔期估算正常收益率，以 $[-20, 20]$ 作為研究的事件窗，採用困境恢復公告日前後20天的市場超額收益率（AR）以及累計超額收益率（CAR）衡量財務困境公司脫困後的短期市場績效。其中，超額收益率的計算採用市場模型法，市場模型為：

$$\hat{R}_{it} = \alpha_i + \beta_i R_{mt} \tag{3.1}$$

式中，$\hat{R}_{it}$ 為股票 i 在 t 日的個股實際收益率，R_{mt} 為市場在 t 日的綜合指數收益率，α_i、β_i 為市場模型中的待估參數。

首先，根據清潔期即事前估計期的數據進行迴歸，得出 α_i 和 β_i，進而預

測出窗口期［-20,20］內每只股票的預期正常收益。

然後，計算股票 i 在窗口期內的超額收益為：

$$AR_{it} = R_{it} - \hat{R}_{it} \qquad (3.2)$$

式中，R_{it} 表示股票 i 在 t 日的實際收益率，$\hat{R}_{it}$ 表示股票 i 在 t 日的估計正常收益率。

接下來，可以計算樣本公司股票的日平均超額收益率及累計超額收益率，計算方法見式（3.3）：

$$\overline{AR_t} = \frac{1}{N}\sum_{i=1}^{N} AR_{it} \Rightarrow CAR_i = \sum_{t=B}^{E} AR_{it} \Rightarrow CAR = \sum_{t=B}^{E} \overline{AR_t} \qquad (3.3)$$

式中，B、E 分別為研究窗口的開始與結束時刻。

3.1.1 全部樣本的公告效應分析

表 3-1 表明，全部樣本公司在摘帽公告日前後 20 天共計 40 個交易日①內的超額收益率（AR）大部分為正，且從公告前 9 天開始至公告後 3 天的日超額收益率均為正，並在公告後第 1 天顯著為正，說明摘帽公告的市場效應顯著存在。另外，在整個事件期內，從公告日前 3 天開始至公告日後的 20 天內，累計超額收益率（CAR）始終為正，並保持較高水平，說明在公告日後市場上的投資者獲得了顯著的正超額回報，摘帽向市場傳遞了積極信號，增加了股東的短期財富。

表 3-1　全部樣本摘帽公告的超額收益率及累計超額收益率

日期	AR	T 值	CAR	日期	AR	T 值	CAR
-20	-0.72%	-4.174	-0.72%	1	42.97%**	45.605	44.90%
-19	-0.39%	-2.074	-1.11%	2	1.50%	1.067	46.40%
-18	-0.26%	-1.474	-1.38%	3	0.13%	1.006	46.53%
-17	-0.54%	-1.784	-1.92%	4	-0.20%	0.991	46.32%
-16	-0.42%	-1.438	-2.34%	5	-0.44%	0.981	45.88%
-15	-1.07%	-1.919	-3.41%	6	0.41%	1.018	46.29%
-14	-0.51%	-1.297	-3.92%	7	-1.09%	0.953	45.20%
-13	-0.19%	-1.099	-4.11%	8	1.12%	1.05	46.32%
-12	0.02%	-0.992	-4.10%	9	0.65%	1.028	46.97%

---

① 根據股票上市規則規定，上市公司宣告摘帽公告當天其股票停牌一天，故摘帽日（即 0 時刻）的交易數據未被捕捉。

表3-1(續)

日期	AR	T值	CAR	日期	AR	T值	CAR
−11	−0.04%	−1.022	−4.14%	10	0.03%	1.001	47.00%
−10	−0.22%	−1.105	−4.36%	11	0.03%	1.001	47.03%
−9	0.29%	−0.867	−4.07%	12	−0.35%	0.985	46.68%
−8	0.58%	−0.716	−3.49%	13	−0.43%	0.981	46.24%
−7	0.65%	−0.626	−2.84%	14	0.14%	1.006	46.38%
−6	0.37%	−0.741	−2.47%	15	0.03%	1.002	46.41%
−5	0.65%	−0.475	−1.82%	16	0.62%	1.027	47.03%
−4	1.49%	0.632	−0.34%	17	−0.05%	0.998	46.98%
−3	0.59%	2.51	0.25%	18	0.07%	1.003	47.06%
−2	0.74%	6.869	1.00%	19	−0.89%	0.962	46.17%
−1	0.93%	2.872	1.93%	20	0.71%	1.031	46.88%

註：表中的 ***、**、* 分別表示差別在1%、5%、10%水平上顯著。

　　圖3-1可以更清晰、更直觀地看出財務困境公司的摘帽脫困對市場形成的顯著影響。公告日前和公告日後的超額收益率在基本在［−1%，1%］之間徘徊，但公告日後的第1天，超額收益率高達42.97%。這使得公告日前累計超額收益率一直呈上升趨勢，並在摘帽公告日後的第1天達到最高水平，且在整個研究窗口內後續一直保持為正值。不過，從公告日之前和公告日第2天開始後的超額收益率情況看，投資者對這些脫困公司的態度除了在摘帽宣告之後的第一個交易日表現出較高的熱情，其後就熱情減退。但是，相對於公告日之前的20天，公告日後20天內的超額收益率正多負少，也說明了這些困境公司的脫困公司的摘帽確實給股東帶來了超額財富。

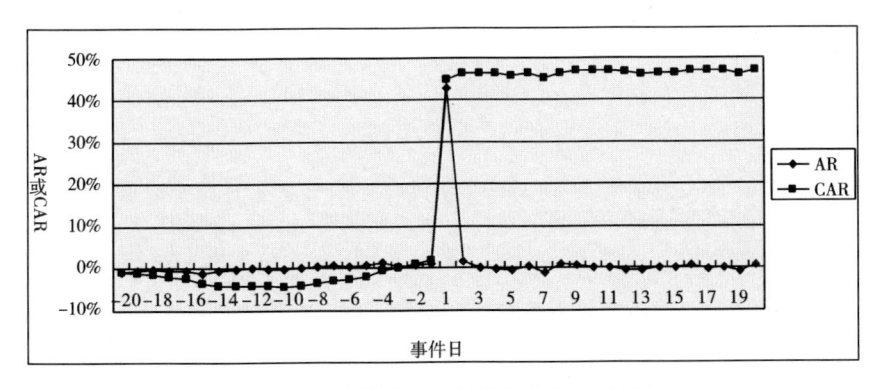

圖3-1　全部樣本公司摘帽公告的市場反應

3.1.2 分類樣本的公告效應分析

為了進一步分析財務困境公司摘帽脫困的短期市場效應以及不同重組行為選擇對摘帽恢復的影響，我們將財務困境公司按照控股性質、重組方式、脫困期間進行分類，分別考察這些脫困公司的超額收益率和累計超額收益率。

首先，從這些公司的控股股東性質來看，國有控股的財務困境公司，其摘帽脫困的短期市場反應比較正常。超額收益率在公告日之前雖有小的上下波動，但總體呈上升趨勢，從公告日前第11天一直到公告日後第3天均大於0，且在公告日後第1天最高；累計超額收益率公告日前12天左右開始上升，一直到公告日後第4天，之後有反覆，但在整個時間期內，累計超額收益率為正。見圖3-2。

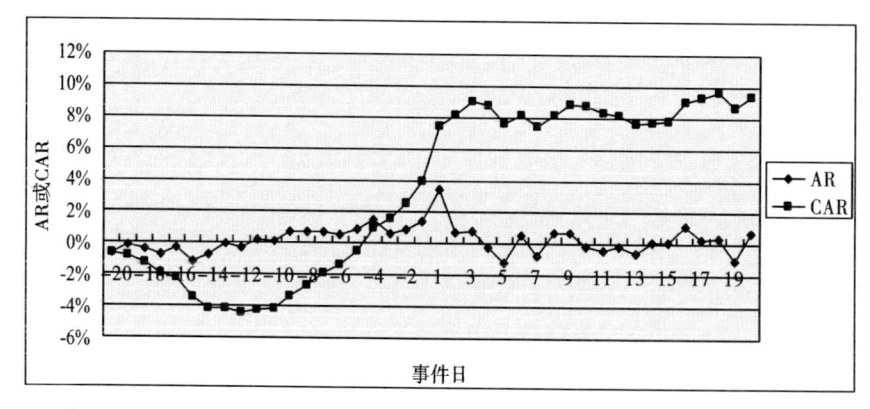

圖3-2 國有困境公司摘帽公告的市場反應

圖3-3則顯示了民營困境公司脫困公告的市場反應狀況。公告日前、公告日後第2天至第20天，超額收益率一直在［-1%，1%］之間徘徊，但在公告日之後的第1天突然增高且超過100%，使得累計超額收益率在公告日之後一直保持在高位水平。探尋原因發現，民營困境公司中的＊ST嘉瑞（證券代碼000156，摘帽之後改變主業且變更證券簡稱為「華數傳媒」），其公告日後第1天的差額收益率高達1,677.68%，出現了極值。如果我們將該極值公司去掉，則剩餘民營公司的短期市場反應狀況見圖3-4。可以看出，去除極值公司後，民營困境公司的短期市場反應與國有困境公司的短期市場反應差異不大。兩者的變動趨勢趨同，說明在股票市場上，投資者對於財務困境公司的摘帽反應在國有與非國有之間沒有差別，投資者沒有特別明顯的公司控制權屬性的偏好。

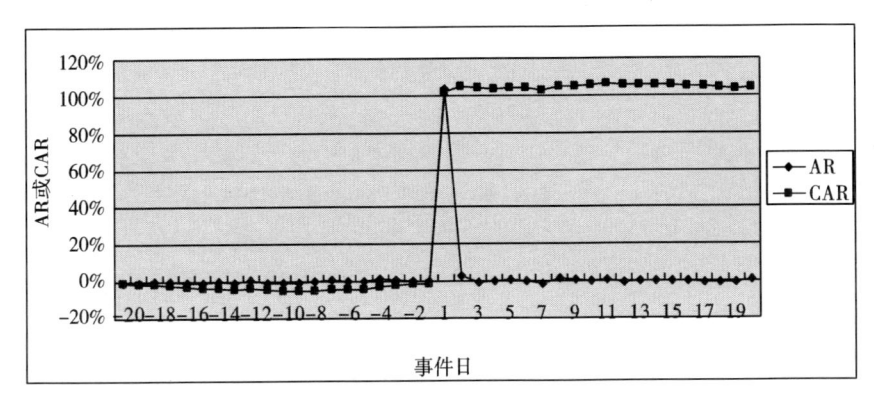

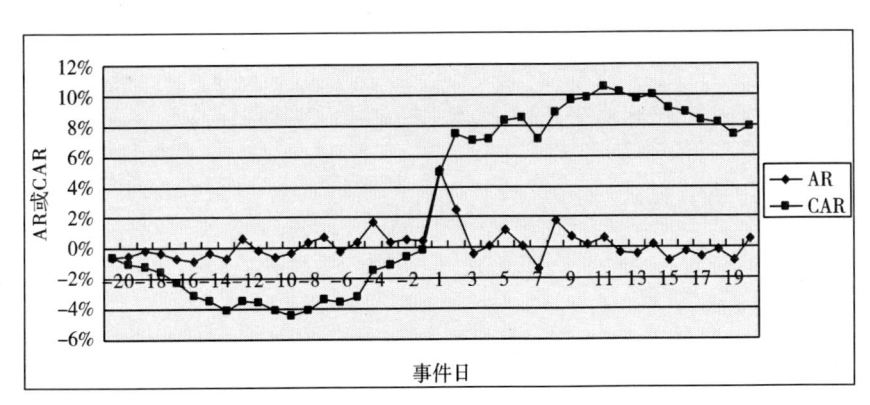

图 3-3 民营困境公司摘帽公告的市场反应

图 3-4 去极值后民营困境公司摘帽公告的市场反应

其次，從困境公司的重組方式看①，無論是何種重組模式，其摘帽公告在 [-1, 1] 期內的超額收益率均為正值，見表 3-2。進一步驗證了財務困境公司摘帽脫困的短期市場效應。即無論財務困境公司採取何種重組行為而脫困，投資者在 [-1, 1] 期內均做出了積極反應。

表 3-2　不同重組方式公司的摘帽公告在 [-1, 1] 期內的超額收益率

统计量	内部重组		一般性重组		支持性重组		放弃式重组	
	-1	+1	-1	+1	-1	+1	-1	+1
AR	1.72%	2.31%	1.87%	5.63%	0.91%	3.94%	1.11%	4.51%
T 值	1.497	0.665	1.034	1.018	-0.810	-1.443	1.202	1.047

---

① 此處的分析已去掉極值公司數據，本章的以下分析同理。

3　財務困境公司脫困後的短期市場業績 | 29

但是，從整個研究窗口期［-20，20］來看，不同重組方式的摘帽公告反應存在差異。內部重組公司的日超額收益率（AR）在時間窗口［-20，20］內很多為負值，除了在公告日前第 15 天、［-1，+3］和摘帽後［10，12］日內出現顯著正的超額收益之外，其他的偶爾正值超額收益也並不顯著，採用該種重組方式的公司在［-20，20］日內的累計超額收益率為負，詳情見圖 3-5。

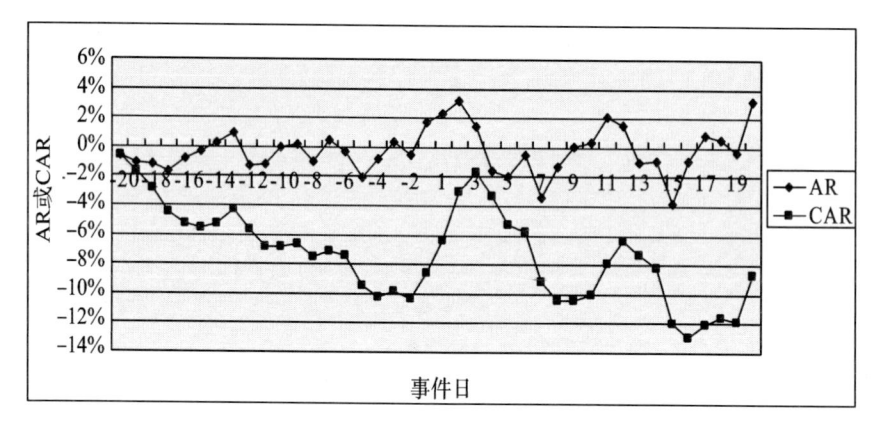

圖 3-5　內部重組公司摘帽公告的市場反應

一般性重組的累計超額收益率與內部重組公司的累計超額收益率在［-20，3］期間變動基本相似，都是先下降、再上升。但是，一般性重組公司的日超額收益在［-4，3］、［8，11］、［14，15］期間明顯大於 0，導致該種重組方式在整個窗口期內的累計超額收益率高於內部重組公司的累計超額收益率，不過依然為負。見圖 3-6。以上分析說明投資者並沒有從內部重組公司和一般性重組公司的摘帽事件中獲得超額收益。這一點在現實中很容易理解：公司陷入財務困境後，沒有經過重大重組變革而摘帽脫困，投資者對其脫困的質量及持續性表示懷疑，對其股票的投資價值也並不認同。導致依靠自我重整或一般性重組而摘帽公司的短期市場績效較低。

支持性重組公司與放棄式重組公司的摘帽所引起的短期市場表現與內部重組和一般性重組呈現較為明顯的差異特徵，且支持性重組與放棄式重組的公告效應走勢基本一致，見圖 3-7、圖 3-8。日超額收益率在摘帽公告日之前呈逐漸上升趨勢，在摘帽日之後則有正有負，但累計超額收益率從摘帽公告日前 15 日左右開始上升，且在整個窗口期內均為正值，且放棄式重組公司的累計超額收益率高於支持性重組公司的累計超額收益率。這說明投資者對股東支持下的困境公司重組以及控股股東發生轉移的放棄式重組給予了較高的認可，並

從這些公司的投資中獲取了較高的投資收益。

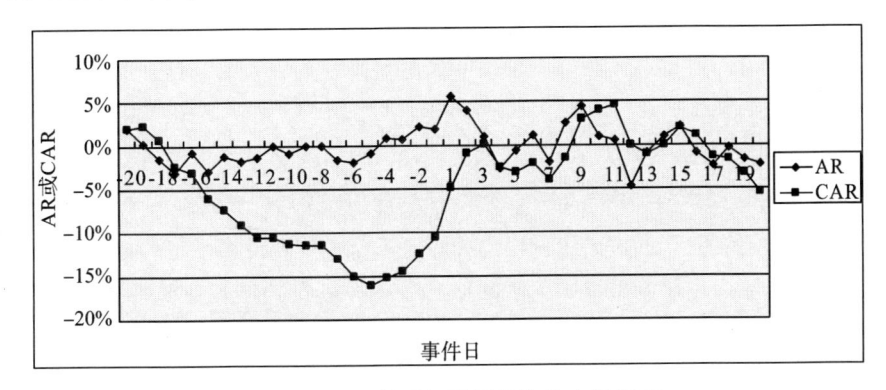

圖 3-6 一般性重組摘帽公告的市場反應

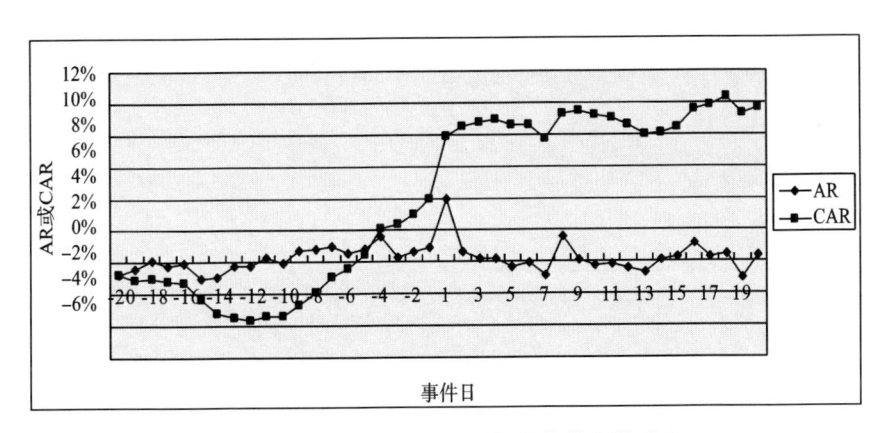

圖 3-7 支持性重組公司摘帽公告的市場反應

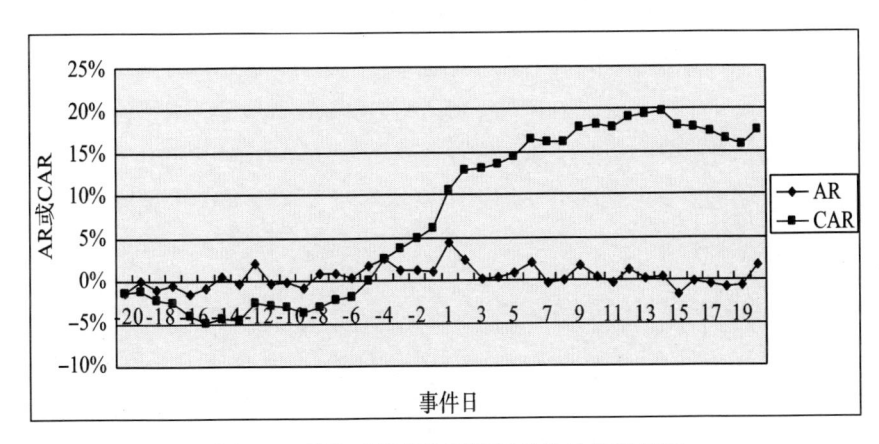

圖 3-8 放棄式重組公司摘帽公告的市場反應

我們再看不同重組行為選擇樣本的 AR、CAR 均值及單樣本 T 檢驗結果，見表 3-3。放棄式重組公司的累計超額收益率最高，支持性重組公司次之，內部自我重組公司和一般性重組公司的累計超額收益率較低，且分別在 5%、1% 的水平上顯著異於 0。支持性重組與放棄式重組公司在 [-20，20] 期內共 40 天的日超額收益率均值分別為 0.24% 和 0.44%，內部重組與一般性重組公司在 [-20，20] 期內共 40 天的日超額收益率均值分別為 -0.22% 和 0.01%。這說明支持性重組與放棄式重組公司的摘帽脫困為投資者帶來了正的超額收益，而內部重組和一般性重組模式下的摘帽公告前後投資者沒有獲得正的超額收益，相反獲得的是負的累計超額收益。

表 3-3　　不同重組選擇樣本的 AR、CAR 均值及 T 檢驗結果

重組行為選擇	N	AR	T 值	CAR	T 值
內部重組	40	-0.22%	-0.898	-4.80%**	-2.245
一般性重組	40	-0.01%	0.170	-0.16%***	-5.060
支持性重組	40	0.24%	1.729	3.98%***	4.797
放棄式重組	40	0.44%**	2.198	7.55%***	5.066

註：表中的 ***、** 分別表示差別在 1%、5% 水平上顯著。

最後，我們來看不同脫困期的困境公司市場反應。從圖 3-9 至圖 3-14 可見，無論脫困時間是長還是短，公告日前後的超額收益率均為正值，說明困境公司摘帽的市場反應在宣告日附近比較顯著。但是，4 年內脫困的公司中，除了脫困期在 1 至 2 年內的公司實現了比較明顯的累計超額收益率之外，其餘脫困時間公司的累計超額收益率均不理想。相對而言，脫困期在 4 至 5 年的公司和脫困期為 5 年以上的公司實現了較高的累計超額收益率。且脫困期越長，事件期內的累計超額收益率越高。投資者對那些多年在困境中掙扎的公司更加情有獨鐘，這也從一定程度上反應了中國資本市場上確實存在投機心態和投機行為。

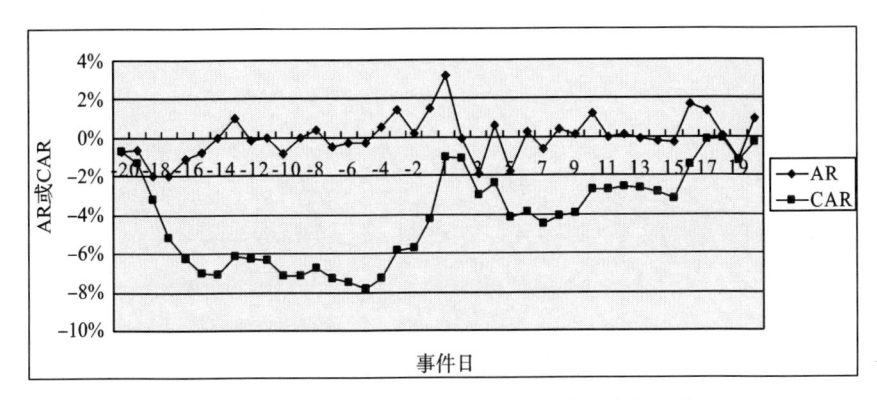

图 3-9　脱困期 0< t ≤ 1 公司摘帽公告的市场反应

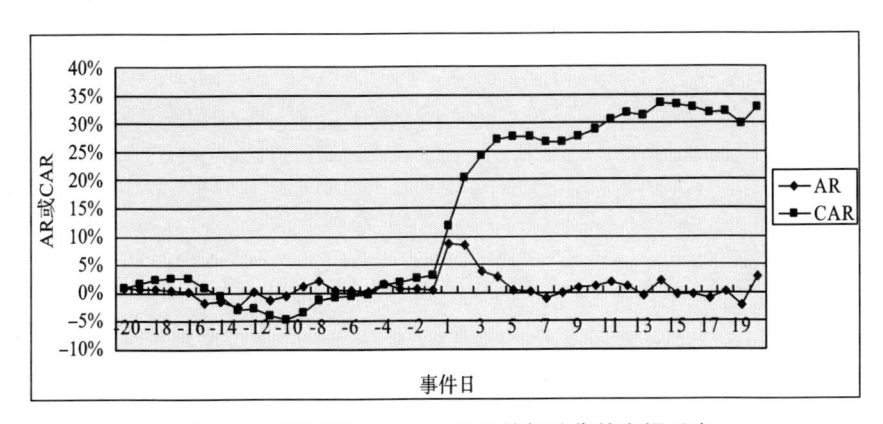

图 3-10　脱困期 1< t ≤ 2 公司摘帽公告的市场反应

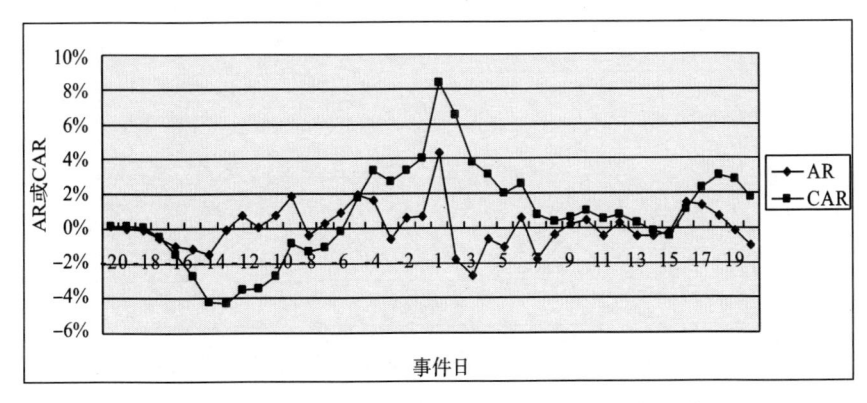

图 3-11　脱困期 2< t ≤ 3 公司摘帽公告的市场反应

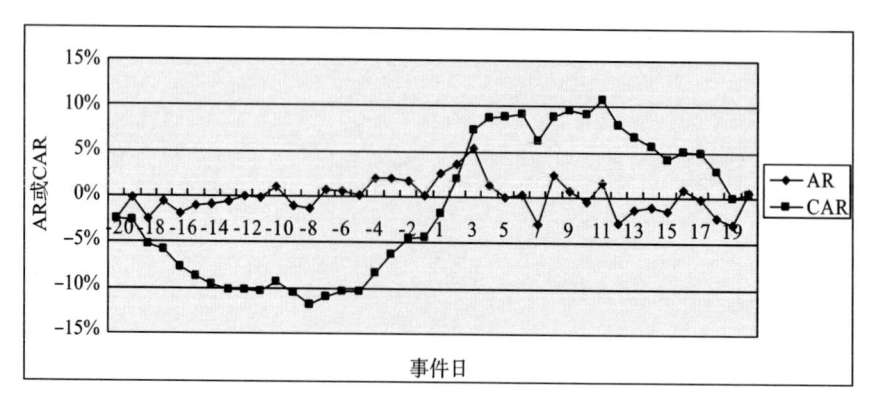

圖 3-12　脫困期 3< t ≤ 4 公司摘帽公告的市場反應

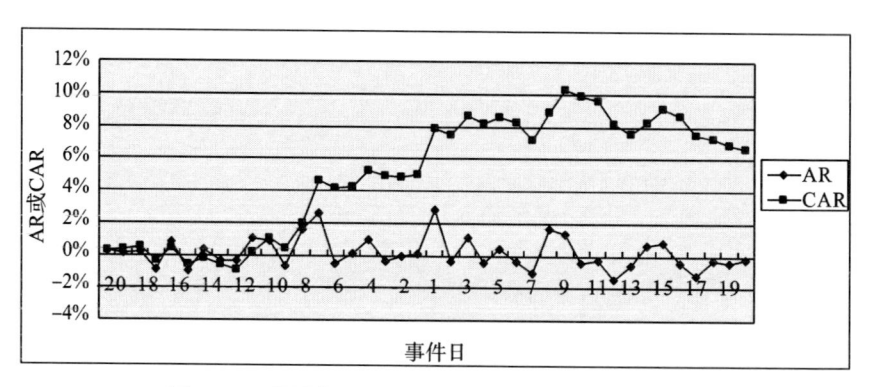

圖 3-13　脫困期 4< t ≤ 5 公司摘帽公告的市場反應

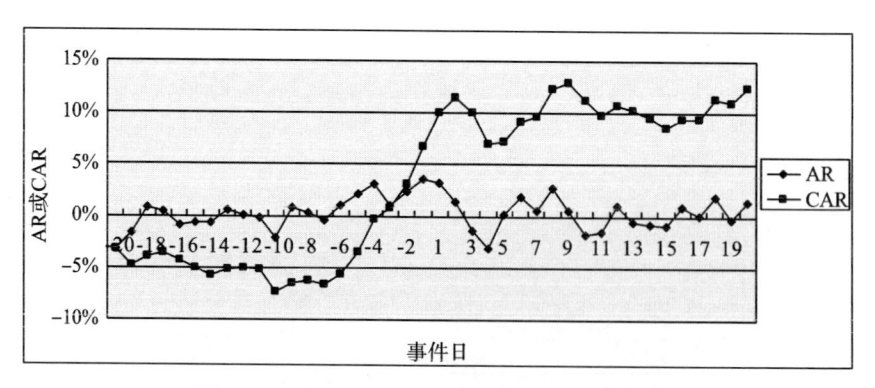

圖 3-14　脫困期 t >5 公司摘帽公告的市場反應

3.2 交易量和市場溢價

接下來，我們從交易量和市場溢價來分析財務困境公司脫困後的短期市場業績。其中，交易量包括交易額和交易數量，市場溢價則以市盈率、市淨率、考慮現金紅利再投資的年個股回報率指標來體現。

3.2.1 交易量分析

2012 年度，49 家脫困公司全年的股票交易總金額為 6,450,313.56 萬元，股票交易總股數為 43,341,641.78 萬股；平均股票交易額為 131,639.05 萬元，平均交易股數為 884,523.30 萬股，見表 3-4。

表 3-4　　　　　　　脫困公司 2012 年度交易狀況

項目	股票交易總額（萬元）	股票交易總數量（萬元）	平均股票交易額（萬元）/家	平均交易股數（萬元）/家
金額/股數	6,450,313.56	43,341,641.78	131,639.05	884,523.30

我們按照困境公司控股股東性質將困境公司分國有和民營兩類進行交易量分析，見圖 3-15。民營困境公司的日交易股數、股票日交易金額[①]分別為 8,040,826.41 萬股、58,876,715.38 萬股，均高於國有控股的困境公司。說明投資者在資本市場上對國有屬性上市公司並沒有投資偏好，民營困境公司的交易量更加活躍。

再看不同重組方式困境公司的交易量狀況，見圖 3-16。一般性重組的日交易股數最高，支持性重組次之；從困境公司的日交易額看，放棄式重組的日交易額最高、支持性重組次之、一般性重組排第 3 位。內部重組公司的日交易股數和日交易額均是最低的。再次說明投資者對短期內依靠自我重整而脫困的公司存在不信任感覺。其交易量較低。

---

① 日交易股數＝全年股票交易股數/交易日；股票日交易金額＝全年股票交易額/交易日。

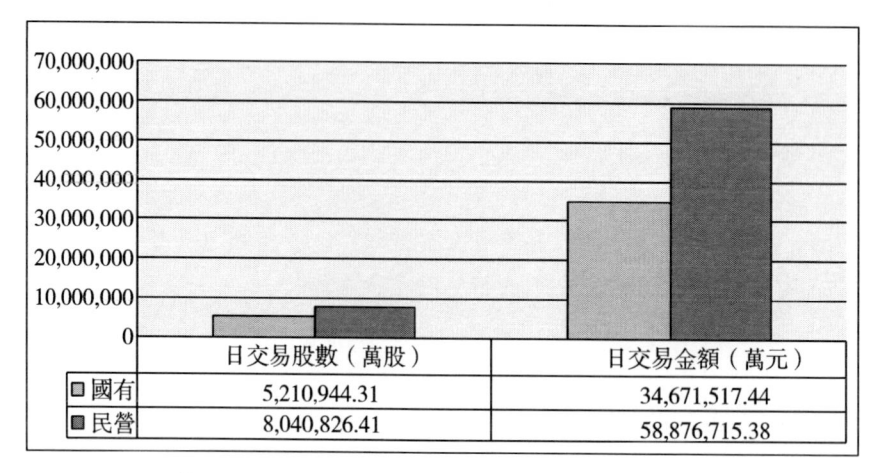

	日交易股數（萬股）	日交易金額（萬元）
國有	5,210,944.31	34,671,517.44
民營	8,040,826.41	58,876,715.38

圖 3-15　不同控股屬性困境公司的市場交易量狀況

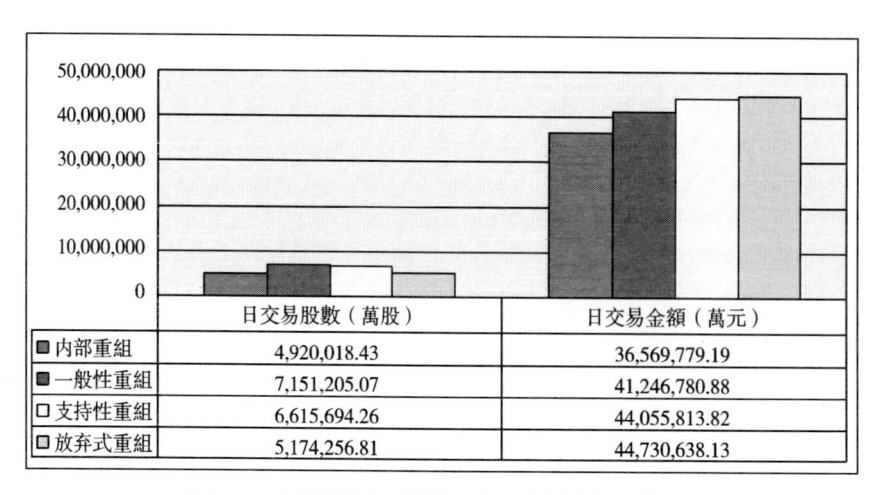

	日交易股數（萬股）	日交易金額（萬元）
內部重組	4,920,018.43	36,569,779.19
一般性重組	7,151,205.07	41,246,780.88
支持性重組	6,615,694.26	44,055,813.82
放棄式重組	5,174,256.81	44,730,638.13

圖 3-16　不同重組方式困境公司的市場交易量狀況

3.2.2　市場溢價分析

困境公司的市場溢價以市盈率、市淨率、年個股回報率指標來體現。它們分別體現了公司股票市場價格與淨收益、淨資產之間的關係以及股東對該公司股票投資的回報水平。此處，

$$市盈率 = \frac{年末每股收盤價}{上年淨利潤 / 本年末實收資本}$$

$$市淨率 = \frac{年末每股收盤價}{年末所有者權益 / 年末實收資本}$$

年個股回報率以考慮現金紅利再投資的年個股回報率表示。其計算公式為：

$$r_{n,t} = \frac{P_{n,t}}{P_{n,t-1}} - 1 \qquad (3.4)$$

其中：$P_{n,t}$ 為股票 n 在 t 年最後一個交易日考慮現金紅利再投資的日收盤價的可比價格；$P_{n,t-1}$ 為股票 n 在 $(t-1)$ 年最後一個交易日考慮現金紅利再投資的日收盤價的可比價格。

49 家脫困公司在脫困當年年末的市盈率平均為 110.16，市淨率平均為 7.22，全年投資回報率平均為 55.33%，實現了較高的股東回報。但是，股東回報並不均衡，最高、最低值的差距較大，見表 3-5。

表 3-5　　　　　脫困公司的總體市場溢價狀況

項目	市盈率	市淨率	年投資回報率
均值	110.16	7.22	55.33%
中位數	37.66	3.96	23.58%
極大值	927.91	73.25	1,185.49%
極小值	−585.27	1.07	−21.86%
標準差	233.39	10.84	169.81%

我們看不同控股屬性的困境公司市場溢價狀況，見表 3-6。30 家國有屬性困境公司的市盈率、市淨率、年投資回報率分別為 61、7.32、27.41%，19 家民營屬性困境公司的市盈率、市淨率、年投資回報率分別為 187.78、7.05、99.41。除了在市價淨值比上民營的稍低外，在市價盈餘比及投資回報方面，民營困境公司遠高於國有困境公司。這也說明資本市場上，對這些 ST 公司進行投資的股東更具有風險偏好性，偏向於投資民營的、高估值的 ST 股票，也得到了較高的回報。

表 3-6　　　　　脫困公司的總體市場溢價狀況

項目	公司數量	市盈率	市淨率	年投資回報率
國有	30	61.00	7.32	27.41%
民營	19	187.78	7.05	99.41%

接下來，看不同重組方式的市場溢價表現。從圖 3-16、圖 3-17、圖 3-18 可見，支持性重組公司投資回報率均居於最高，市淨率居於第 2 位，表明對控

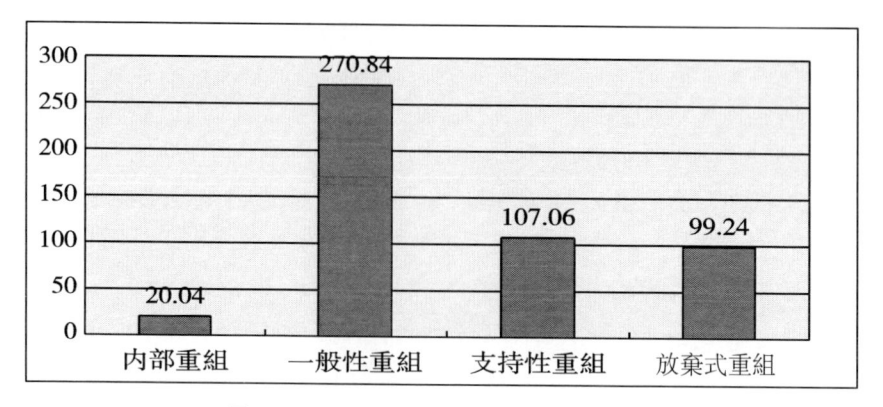

圖 3-16　不同重組方式困境公司的市盈率

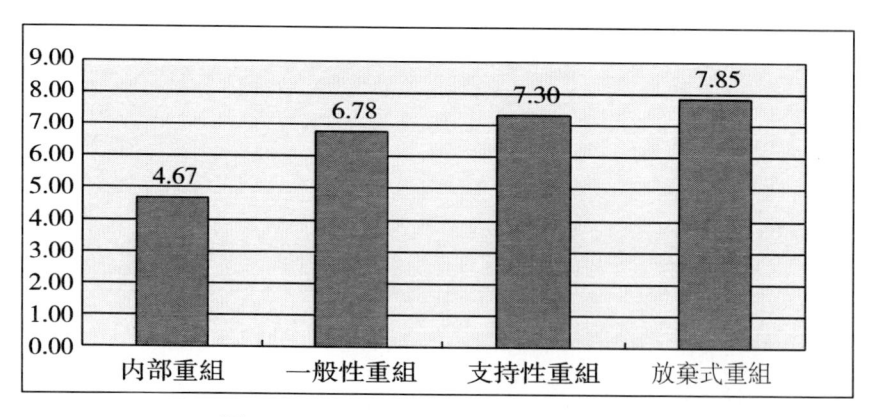

圖 3-17　不同重組方式困境公司的市淨率

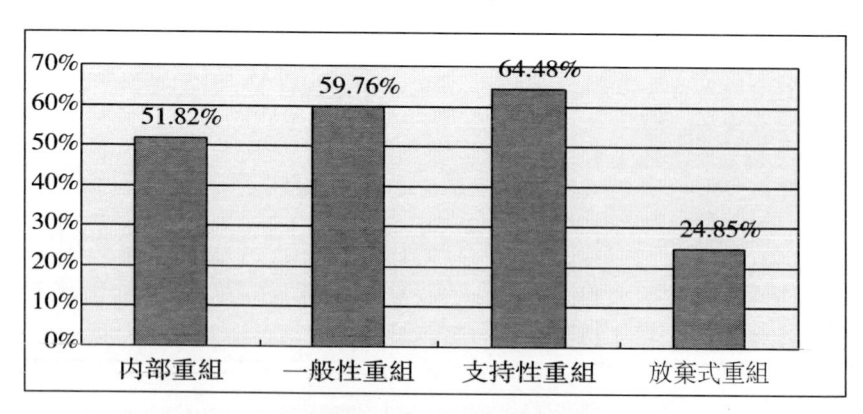

圖 3-18　不同重組方式困境公司的年投資回報率

股股東支持的困境公司，投資者的認可度較高，其市場溢價較為顯著。內部重組的市盈率、市淨率均居於最低，表明這些公司的市場溢價較低，不過其年投資回報率水平尚可；一般性重組的三個指標表現較為均衡，實現了較高的市場溢價和投資回報水平；放棄式重組的市淨率最高、市盈率一般，年投資回報率最低，表明這類困境公司儘管在公告期內為股東帶來了較高的財富，但從整個脫困年度看，其投資回報水平並不理想，不過其市價淨值比較高。

3.3 多元線性迴歸

為了分析脫困公司市場績效的影響因素以及不同重組方式對脫困績效的影響，本研究還採用多元線性迴歸方法進行重組方式與市場業績之間關係的實證研究。

3.3.1 公司特徵

表3-7列示了脫困公司的各特徵變量的均值。所有數據均來源於困境公司脫困前一年即2011年年底。其中公司規模取總資產的對數。從表可見：內部重組公司的規模最高、資產負債率最高，放棄式重組的資產規模最小、資產負債率最低、營運資金比例最高，這也能夠解釋控股股東能夠成功放棄的原因，公司規模小，且財務風險低，接收人取得控股權的成本相對較低且財務風險可控。從基金持股比例看，內部重組公司的基金持股比例最高，放棄式重組的基金持股比例最低，但不存在顯著差異。

表3-7　　　　　　　　　樣本公司特徵變量均值

特徵變量	全部公司(49)	內部重組(3)	一般性重組(3)	支持性重組(33)	放棄式重組(10)
公司規模（SIZE）	9.049	9.618	9.282	9.023	8.894
控股股東性質（CSN）	0.612	1.000	0.667	0.606	0.500
資產負債率（LEV）	0.680	0.910	0.717	0.736	0.416
營運資金比率（WCR）	-0.099	-0.308	-0.084	-0.156	0.148
流通股比例（TSR）	0.792	0.831	0.934	0.762	0.836
基金持股比例（INSTIHR）	1.084	3.133	1.027	1.169	0.206

3.3.2 迴歸分析

為全面考察財務困境公司脫困的短期市場績效影響因素，我們在前述計算超額收益、累計超額收益及其交易情況分析基礎上，控制公司規模、控股屬性、資產負債率、營運資金比率、流通股比例、基金持股比例等相關因素，建立多元迴歸模型，進行進一步分析。

$$CAR_i = \alpha_0 + \alpha_1(INTR, NORR, SURPR, ABONR) + \alpha_2 SIZE_i + \alpha_3 CSN_i$$
$$+ \alpha_4 LEV_i + \alpha_5 WCR_i + \alpha_6 TRS_i + \alpha_7 INSTIHR_i + \varepsilon_i \quad (3.5)$$

$$CAR_i = \alpha_0 + \alpha_1 RAS + \alpha_2 SIZE_i + \alpha_3 CSN_i$$
$$+ \alpha_4 LEV_i + \alpha_5 WCTA_i + \alpha_6 TRS_i + \alpha_7 INSTIHR_i + \varepsilon_i \quad (3.6)$$

上式中，CAR_i 為股票 i 在研究窗口 [−20, 20] 內的累計超額收益率。$SIZE$ 為公司規模，取總資產的自然對數；CSN 為控股股東性質；LEV 為資產負債率；WCR 為營運資金資產比，取營運資金與流動資產的比率；TRS 為流通股比例；$INSTIHR$ 為基金持股比例；以上指標均取公司脫困年度的前一年年末數據（即2011年年末）；$INTR$、$NORR$、$SURPR$、$ABONR$ 為財務困境公司的重組方式，此處為虛擬變量，分別表示內部重組、一般性重組、支持性重組、放棄式重組。具體分類方式見本文第二章。如果樣本公司的重組選擇為該方式取 1，否則取 0。RAS 為重組方式，當財務困境公司選擇內部重組取 1，選擇一般性重組取 2，選擇支持性重組取 3，選擇控制權轉移的放棄式重組取 4。公司規模（$SIZE$）、控股股東性質（CSN）、資產負債率（LEV）、營運資金比率（WCR）、流通股比例（TSR）、基金持股比例（$INSTIHR$）為控制變量。模型的多元迴歸分析結果見表3-8、表3-9。

表3-8　　　　　　　　　　模型3.5的迴歸結果

變量	模型3.5-①	模型3.5-②	模型3.5-③	模型3.5-④
Constant	−8.000 (−0.088)	7.745 (0.089)	16.857 (0.196)	−59.666 (−0.554)
INTR	−9.958 (−0.564)			
NORR		−2.924 (−0.180)		
SURPR			5.325 (0.611)	

表3-8(續)

變量	模型3.5-①	模型3.5-②	模型3.5-③	模型3.5-④
ABONR				8.926 (0.640)
SIZE	0.888 (0.086)	-0.897 (-0.091)	-1.346 (-0.139)	4.867 (0.591)
CSN	-1.348 (-0.152)	-2.224 (-0.254)	-2.339 (-0.268)	4.508 (0.422)
LEV	-9.159 (-0.433)	-7.832 (-0.369)	-7.918 (-0.376)	-0.690 (-0.079)
WCTA	-8.723 (-0.391)	-6.871 (-0.309)	-7.179 (-0.325)	-8.626 (-0.412)
TRS	15.881 (0.884)	15.712 (0.860)	13.784 (0.764)	-9.781 (-0.443)
INSTIHR	-0.884 (-0.659)	-1.008 (-0.760)	-1.013 (-0.768)	17.023 (0.947)
F值	0.400	0.356	0.409	0.561
Adj. R^2	-0.111	-0.120	-0.109	-0.091

表3-8顯示了四種不同的重組方式INTR、SURPR、NORR、ABONR分別進入模型迴歸的結果：內部重組、一般性重組對累計超額收益率產生負作用，而支持性重組與放棄式重組對累計超額收益率產生正向作用，雖然結果並不顯著，但與我們之前的分析結果是一致的；將涵蓋三種模式的重組行為選擇方式RAS引入模型，見表3-9，其迴歸結果與上述迴歸結果相同，即隨著變量RAS的值增加，累計超額收益率也會增加，即放棄式重組、支持性重組相較於內部重組和一般性重組方式，更能促進困境公司摘帽脫困公告期前後累計超額收益率的提升，但這三種不同重組行為選擇方式對CAR的影響差異也不顯著。其他控制變量在兩個模型的迴歸中均不顯著。也從一定程度上說明，ST公司的脫困公告所產生的累計超額收益與公司規模、控股股東性質、資產負債率、營運資金比率、流通股比例、基金持股比例等關係並不密切，投資者可能在資本市場上購入這些ST股票的目的就是因為「摘帽」「重組」題材的炒作。

表 3-9　　　　　　　　　　模型 3.6 的迴歸結果

變量	模型 6.8（多元線性迴歸）		
	B	t 值	
Constant	8.100	1.256	
RAS	4.710	0.445	F 值
SIZE	−0.456	−0.053	0.593
CSN	−9.092	−0.439	
LEV	−9.997	−0.457	
WCR	18.050	1.016	Adj. R^2
TRS	−0.646	−0.486	−0.073
INSTIHR	−70.126	−0.665	

4 財務困境公司脫困後的長期經營績效

4.1 經營績效衡量指標選擇

財務困境公司脫困後的長期經營績效，採取與短期市場績效相同的研究對象，即以 2012 年成功脫困的 49 家 A 股上市公司為樣本，自摘帽前一年（2011年）至 2015 年年底，可獲得摘帽後 4 年和摘帽前 1 年共 5 年的經營業績數據，便於對長期經營績效的研究。

對於 ST 公司重組或摘帽的經營績效衡量，最常用的是獲利能力指標，如每股收益（EPS）、資產淨利率（ROA）（萬潮領，2001；趙麗瓊，2010）。也有學者將資產負債率、每股經營活動現金淨流量納入考核範疇（呂長江等，2007），但並不多見。本書在前人研究的基礎之上，設計公司經營績效衡量的指標體系見表 4-1。該指標體系考慮了以下幾個方面的因素：數據可得性、全面性、代表性，盡可能全面地考慮了公司的盈利、風險、增長狀況，並涵蓋相關方面的主要核心指標。由於 2010 年度（摘帽前 2 年）報表中，很多公司淨利潤數據為負，致使淨利潤增長率在 2011 年度失去意義，故在增長指標中沒有設淨利潤增長率，以營業收入增長率配合盈利指標中的營業利潤率可以反應淨利潤增長信息。

表 4-1　　　　　　　　　　經營績效衡量指標

指標類別	指標名稱	指標符號	指標定義
盈利	資產淨利率	ROA	淨利潤/平均資產總額
	淨資產收益率	ROE	淨利潤/平均淨資產
	營業利潤率	OPR	營業利潤/營業收入
	成本費用利潤率	PTC	利潤總額/(營業成本+銷售費用+管理費用+財務費用)
風險	資產負債率	LEV	負債總額/資產總額
	速動比率	CUR	(流動資產−存貨)/流動負債
	利息保障倍數	TIED	(淨利潤+財務費用)/財務費用
	現金流量比率	CFR	經營活動產生的現金流量淨額/流動負債
增長	資本保值增值率	EGR	年末所有者權益合計/年初所有者權益合計
	營業收入增長率	SGR	(本年營業收入−上年營業收入)/上年營業收入

採用會計數據研究方法，選擇摘帽前 1 年（2011 年度）及摘帽後 4 年（2012—2015 年）共 5 年的財務數據指標，考察財務困境公司摘帽後與摘帽前各指標之間的縱向定比情況。其次，針對各年度指標進行因子分析，計算不同重組方式脫困公司的績效得分，並對其進行橫向比較與分析。由於 49 家脫困公司中的九發股份（證券代碼：600180）在 2011 年、2012 年的指標數據不全，故在分析時將其刪除，剩餘 48 個脫困樣本公司。這些脫困樣本公司的控股股東性質及重組方式情況見表 4-2。

表 4-2　　　　　　　　　脫困樣本公司構成情況

脫困樣本公司	控股股東性質	重組方式	數量
48 家	國有 29（60.42%）	內部重組	3
		一般性重組	2
		支持性重組	20
		放棄式重組	4
	民營 19（39.58%）	內部重組	0
		一般性重組	1
		支持性重組	13
		放棄式重組	5

4.2 指標縱向定比分析

4.2.1 盈利指標定比分析

由表4-3可知，除成本費用利潤率指標以及2013年、2015年度資產淨利率指標差值之外，財務困境公司摘帽當年及以後3年內的其他各盈利指標與摘帽前1年的差值基本為正值，表明摘帽確實使企業的盈利水平較之在困境中有顯著提升。尤其是營業利潤率指標，摘帽以後各年度相對於摘帽前1年度的指標差值最高。表4-4的摘帽前後各年盈利指標均值與中位數也說明了這一點，ROA在2011年均值為3.51%，2013年與2011年基本持平，2015年比2011年要低，2012年、2014年度均高於摘帽前1年數據；ROE在摘帽之前均為負值，摘帽後各年度無論均值還是中位數均為正值。OPR在摘帽前1年為負值，且數據極低，摘帽後其均值和中位數都遠高於2011年度數據。成本費用利潤率（PTC）的表現則不理想，表4-3和表4-4都可以看出，摘帽當年及摘帽後3年內的成本費用利潤率與摘帽前1年的差值均為負值，摘帽後各年均值與中位數均呈下降趨勢。這說明ST公司在脫困摘帽之後的盈利水平儘管較摘帽前有一定提升，但其利用成本費用獲取利潤的能力卻顯著下降。

表4-3　　摘帽後各年盈利指標與摘帽前1年定比分析

指標差值	2012-2011	2013-2011	2014-2011	2015-2011
N	48	48	48	48
資產淨利率（ROA）差值				
Mean	0.008	-0.000,4	0.001	-0.015
T值	0.284	-0.016	0.026	-0.504
正值比率	50.00%	45.83%	35.42%	35.42%
淨資產收益率（ROE）差值				
Mean	0.141	0.112	0.127	0.074
T值	0.987	0.793	0.919	0.535
正值比率	47.92%	35.42%	35.42%	33.33%
營業利潤率（OPR）差值				
Mean	55.067	54.986	55.056	54.859
T值	1.002	1.001	1.002	0.998
正值比率	43.75%	43.75%	43.75%	45.83%

表4-3(續)

指標差值	2012-2011	2013-2011	2014-2011	2015-2011
成本費用利潤率（PTC）差值				
Mean	-0.082	-0.138	-0.146	-0.225
T值	-0.588	-0.855	-0.986	-1.181
正值比率	43.75%	47.92%	39.58%	52.08%

註：表中的 Mean 指各指標差值的均值；T 值為各指標差值的比較均值（單樣本 T 檢驗，與 0 比較）t 值；正值比率是各指標差值中正值的比率。

表4-4　　摘帽前後各年盈利指標均值與中位數

指標		2011年	2012年	2013年	2014年	2015年
ROA	均值	3.51%	4.32%	3.47%	3.59%	2.05%
	中位數	2.42%	2.90%	3.13%	2.39%	2.04%
	標準差	0.210	0.090	0.093	0.068	0.091
ROE	均值	-5.58%	8.52%	5.57%	7.12%	1.86%
	中位數	5.83%	9.16%	6.42%	4.95%	4.05%
	標準差	0.952	0.228	0.174	0.115	0.208
OPR	均值	-5,500.70%	6.01%	-2.05%	4.94%	-14.82%
	中位數	2.23%	4.36%	3.53%	3.52%	3.37%
	標準差	380.750	0.297	0.545	0.316	0.946
PTC	均值	29.44%	21.19%	15.64%	14.83%	6.90%
	中位數	3.42%	5.90%	5.48%	5.02%	5.30%
	標準差	1.137	0.610	0.539	0.394	0.568

　　圖4-1至圖4-5清晰地反應了摘帽前1年（2011年）及之後4年內各盈利指標均值與中位數的走勢。除了成本費用利潤率（RTC）指標，其餘盈利指標摘帽當年（2012年）的均值和中位數均比摘帽前1年有較大幅度提升，成本費用利潤率儘管從均值上看2012年低於2011年，但由於其均值和中位數存在較大差異，是緣於個別公司數據的拉動，故此處中位數更符合實際情況。從圖4-6的成本費用利潤率中位數看，2012年要高於2011年度；資產淨利率（ROA）、淨資產收益率（ROE）在2012年度最高，2013年開始下降，儘管在2014年有所回升，但之後的2015年度又開始下降至低於2012年水平。圖4-3中營業利潤率（OPR）的均值與中位數圖形，因2011年均值過低而使得該圖形不能顯示摘帽後指標變化趨勢，我們單獨針對營業利潤率（OPR）的

2012—2015 年均值（見圖 4-4）以及 2011—2015 年的中位數進行分析（見圖 4-5），發現營業利潤率的均值和中位數的變化趨勢與 ROA、ROE 的變動趨勢相似，即 2012 年度大幅上升，2013 年度下降，2014 年度再度上升，2015 年度又下降至低於 2012 年度水平。成本費用利潤率（PTC）的均值則從 2012 年度提高之後一直處於下降趨勢，其中位數也是 2012 年較 2011 年提高後基本處於下降趨勢，儘管 2015 年有一個特別小幅的提升（2015 年為 5.30%，比 2013 年的 5.02%稍高），但依然低於 2012 年度水平（5.90%）。因此，總體來說，盈利指標在脫困當年（2012 年）較脫困前 1 年（2011 年）均有較高提升，表現較好，但 2013 年就開始下降，2014 年又有小幅度提升，但 2015 年再次下降，且 2013 年度、2014 年度、2015 年度無論如何變化，其指標水平均低於 2012 年度指標數值。這說明這些脫困公司依靠重組而摘帽，但後續盈利能力並不穩定。

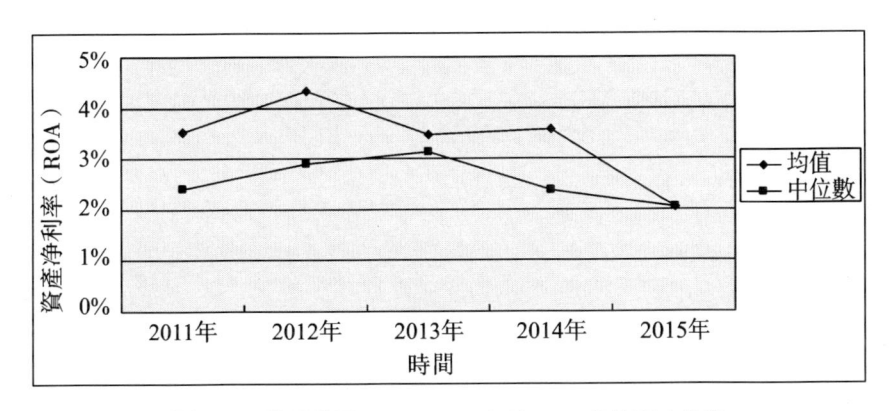

圖 4-1　脫困公司 2011—2015 年的 ROA 均值與中位數

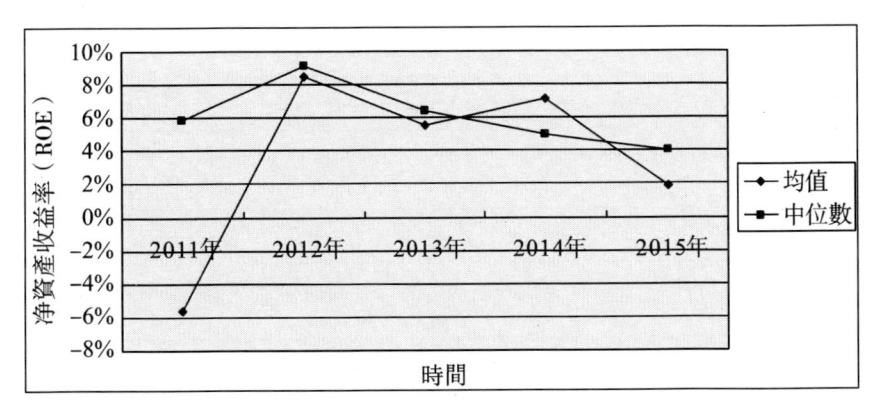

圖 4-2　脫困公司 2011—2015 年的 ROE 均值與中位數

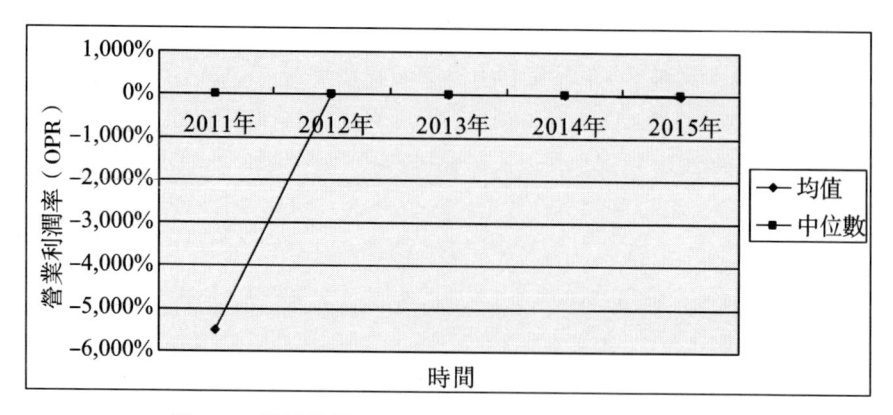

图 4-3 脱困公司 2011—2015 年的 OPR 均值与中位数

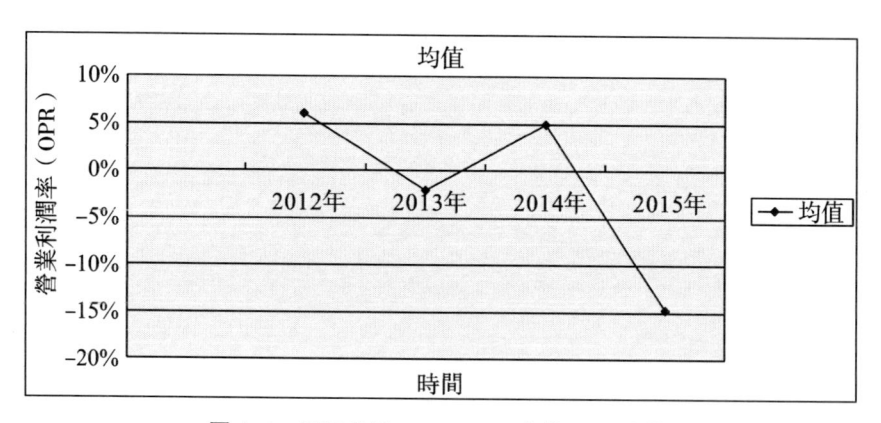

图 4-4 脱困公司 2012—2015 年的 OPR 均值

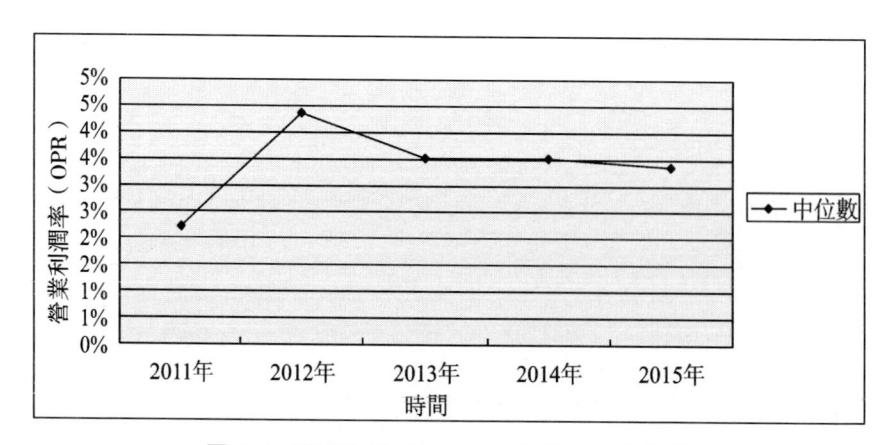

图 4-5 脱困公司 2011—2015 年的 OPR 中位数

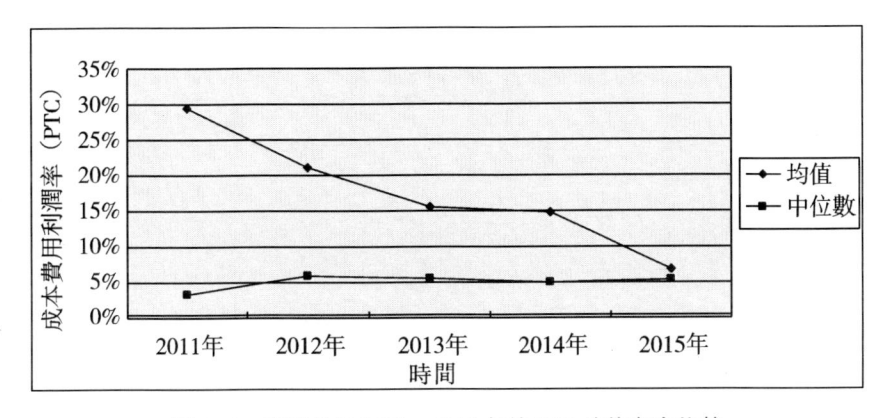

圖 4-6 脫困公司 2011—2015 年的 PTC 均值與中位數

4.2.2 風險指標定比分析

從表 4-5 看，資產負債率（LEV）在摘帽當年及以後 3 年內與摘帽前 1 年的差值均為負值，且分別在 10%或 5%的水平上顯著，速動比率（CUR）在摘帽當年及以後 3 年內與摘帽前 1 年的差值均為正值，且 2012 年在 10%、2015 年在 1%的水平上顯著，2013 年、2014 年的差值儘管表現並不顯著，但依舊大於 0。這說明 ST 公司脫困之後各年的資產負債率水平較脫困之前都有明顯下降，速動比率則有明顯上升，脫困公司的償付能力在逐漸增強，財務風險逐漸降低。

利息保障倍數（TIED）在摘帽當年（2012 年）與摘帽前 1 年的差值為負，2013 年差值為正，2014 年、2015 年的差值又為負，現金流量比率（CFR）則從 2012 年至 2015 年與摘帽前 1 年的差值一直為負。這表明財務困境公司脫困後儘管其債務比例降低、償付能力增強，但保證償付能力的收益水平與經營現金流量狀況卻並不理想。

再看表 4-6 與圖 4-7 至圖 4-11 的各年均值、中位數情況，資產負債率（LEV）逐漸下降、速動比率（CUR）逐步上升，利息保障倍數（TIED）的均值在 2013 年度達到最高，2014 年、2015 年均為負值。因為該指標均值與中位數在 2013 年度相差較大。我們再看利息保障倍數的中位數情況（見圖 4-10）：2012 年較 2011 年上升，2013 年再上升，2014 年、2015 年下降，但高於 2011 年度的摘帽前水平。現金流量比率（CFR）則在 2012 年、2013 年度先下降、2014 年至 2015 年又上升。這說明財務困境公司脫困後，其債務水平降低、財務風險降低，但同時也應關注保持這些財務風險降低的收益和現金水平。

表 4-5　摘帽後各年風險指標與摘帽前 1 年定比分析

指標差值	2012—2011	2013—2011	2014—2011	2015—2011
N	48	48	48	48
資產負債率（LEV）差值				
Mean	−0.210	−0.243	−0.263	−0.267
T 值	−1.730*	−2.005**	−2.148**	−2.146**
正值比率	39.58%	33.33%	31.25%	27.08%
速動比率（CUR）差值				
Mean	0.183	0.426	0.417	0.687
T 值	1.857*	1.110	1.644	3.520***
正值比率	56.25%	62.50%	68.75%	72.92%
利息保障倍數（TIED）差值				
Mean	−5.669	64.716	−9.350	−22.664
T 值	−0.175	0.878	−0.287	−0.621
正值比率	60.42%	52.08%	50.00%	58.33%
現金流量比率（CFR）差值				
Mean	−0.047	−0.082	−0.025	−0.016
T 值	−0.727	−0.604	−0.187	−0.127
正值比率	41.67%	50.00%	50.00%	54.17%

註：表中的 Mean 指各指標差值的均值；T 值為各指標差值的比較均值（單樣本 T 檢驗，與 0 比較）t 值；正值比率是各指標差值中正值的比率；***、**、* 分別表示差別在 1%、5%、10% 水平上顯著。

表 4-6　摘帽前後各年風險指標均值與中位數

指標		2011 年	2012 年	2013 年	2014 年	2015 年
LEV	均值	69.37%	48.37%	45.02%	43.06%	42.65%
	中位數	56.14%	46.07%	40.01%	38.24%	34.41%
	標準差	0.888	0.264	0.247	0.247	0.247
CUR	均值	1.17	1.35	1.59	1.58	1.85
	中位數	0.65	0.73	0.79	1.09	1.13
	標準差	1.604	1.964	2.619	1.524	2.170

表4-6(續)

指標		2011年	2012年	2013年	2014年	2015年
TIED	均值	7.51	1.84	72.23	-1.84	-15.15
	中位數	1.24	2.04	2.39	1.69	1.42
	標準差	220.582	20.400	449.650	29.003	73.611
CFR	均值	22.59%	17.89%	14.36%	20.10%	20.95%
	中位數	4.40%	2.72%	2.04%	6.61%	12.96%
	標準差	0.932	0.976	0.505	0.539	0.591

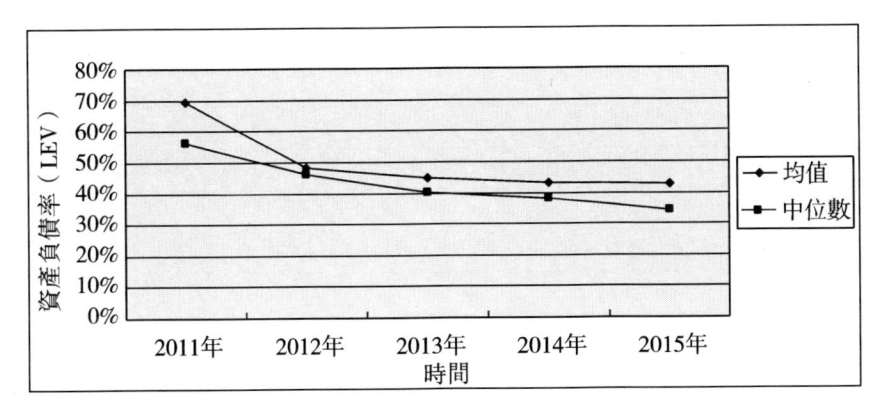

圖4-7 脫困公司2011—2015年的LEV均值與中位數

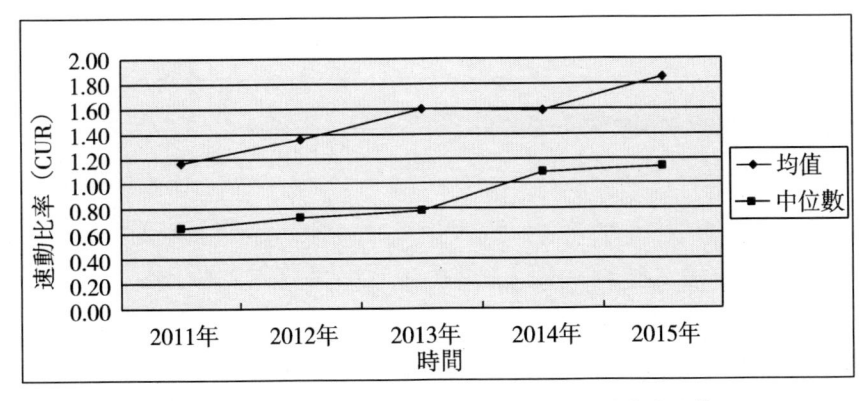

圖4-8 脫困公司2011—2015年的CUR均值與中位數

4 財務困境公司脫困後的長期經營績效 | 51

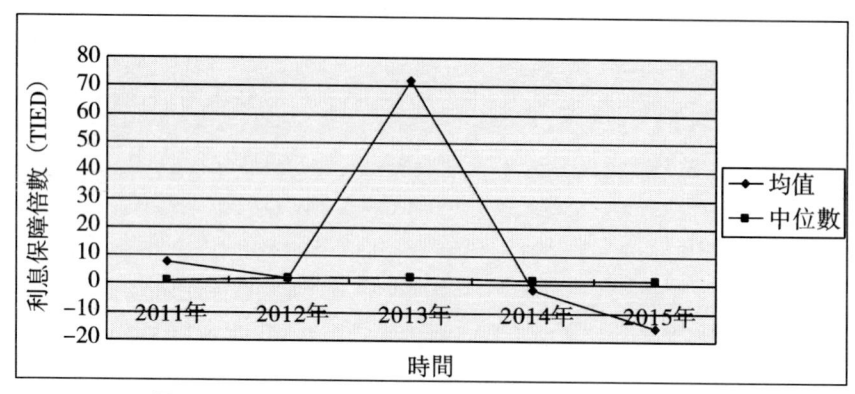

圖 4-9　脫困公司 2011—2015 年的 TIED 均值與中位數

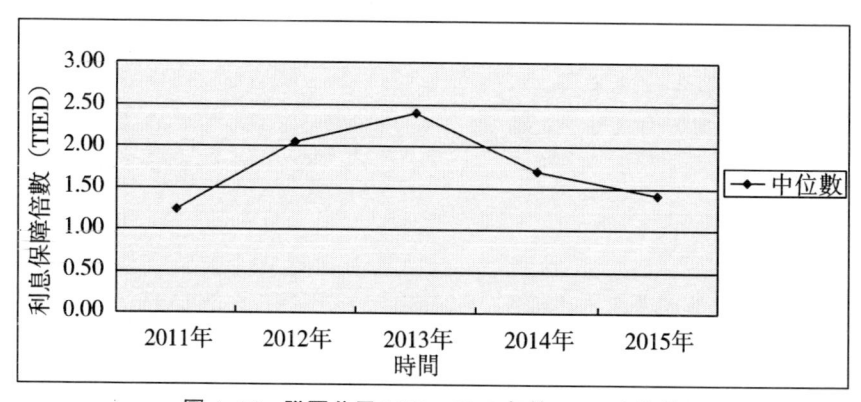

圖 4-10　脫困公司 2011—2015 年的 TIED 中位數

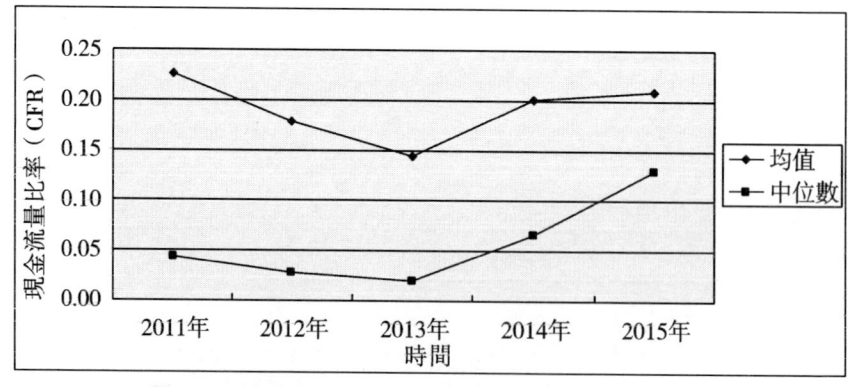

圖 4-11　脫困公司 2011—2015 年的 CFR 均值與中位數

4.2.3　增長指標定比分析

從表 4-7 看，資本保值增值率（EGR）在摘帽當年及以後 3 年內與摘帽前

1 年的差值均為正值，且在 5% 水平上顯著，說明 ST 公司脫困之後的淨資產得到了顯著增長。營業收入增長率（SGR）在摘帽當年的差值為正，之後從第 2013 年至第 2015 年的差值均小於 0，且在 10% 水平上顯著。這說明營業收入只在摘帽當年實現了較大幅度增長，之後就開始下降。表 4-8 的均值與中位數配合更能說明這些財務困境公司的增長情況：資本保值增值率（EGR）無論均值還是中位數，摘帽以後各年度的數值都要高於摘帽前（2011 年）的水平，儘管從 2014 年至 2015 年有所下降，但依然高於摘帽前的水平，說明脫困公司的資本保值增值情況較好；營業收入增長率（SGR）的均值在 2011 年、2012 年出現極高值情況，這是由於有個別公司在困境期間營業收入過低，營業收入增長後顯示增長率極高而拉升了均值。所以該指標需要配合中位數判斷，營業收入增長率（SGR）的中位數 2012 年度不及 2011 年度，2013 年度較 2012 年度有一定幅度提升，但從 2014 年度又開始下降，且 2015 年度下降值低於 0，即營業收入出現負增長，說明財務困境公司的營業收入在脫困以後狀況不理想。

表 4-7　　摘帽後各年增長指標與摘帽前 1 年定比分析

指標差值	2012-2011	2013-2011	2014-2011	2015-2011
N	48	48	48	48
資本保值增值率（EGR）差值				
Mean	1.200	1.637	1.183	1.222
T 值	2.136**	2.598**	2.112**	1.964**
正值比率	60.42%	56.25%	54.17%	47.92%
營業收入增長率（SGR）差值				
Mean	2,769.187	-35.146	-35.339	-35.241
T 值	0.987	-1.891*	-1.901*	-1.893*
正值比率	39.58%	37.50%	39.58%	31.25%

註：表中的 Mean 指各指標差值的均值；T 值為各指標差值的比較均值（單樣本 T 檢驗，與 0 比較）t 值；正值比率是各指標差值中正值的比率；**、* 分別表示差別在 5%、10% 水平上顯著。

表 4-8　　摘帽前後各年增長指標均值與中位數

指標		2011 年	2012 年	2013 年	2014 年	2015 年
EGR	均值	6.13%	126.17%	169.83%	124.44%	128.36%
	中位數	102.82%	108.82%	108.73%	107.28%	106.30%
	標準差	3.862	0.868	2.304	0.469	0.841

表4-8(續)

指標		2011年	2012年	2013年	2014年	2015年
SGR	均值	3,543.75%	280,462.50%	29.11%	9.86%	19.66%
	中位數	14.90%	12.28%	13.87%	7.19%	-1.08%
	標準差	128.855	19,428.809	0.792	0.494	1.186

圖4-12至圖4-15更加清晰地描述了摘帽前後增長指標均值與中位數的情況與走勢。摘帽前1年ST公司的資本保值增值水平較低，摘帽後公司資本保值增值增長明顯，2014年度該指標開始下降，不過依然高於摘帽前的水平；營業收入均值在摘帽當年顯著增長，但其中位數卻相對下降，之後均值持續下降，中位數有小幅提升之後再次下降，至2015年甚至低於摘帽前的水平。這說明公司脫困之後的營業收入增長與資本資產增長並不匹配，公司在重組後其資本規模擴張，但收入並未有明顯增長。

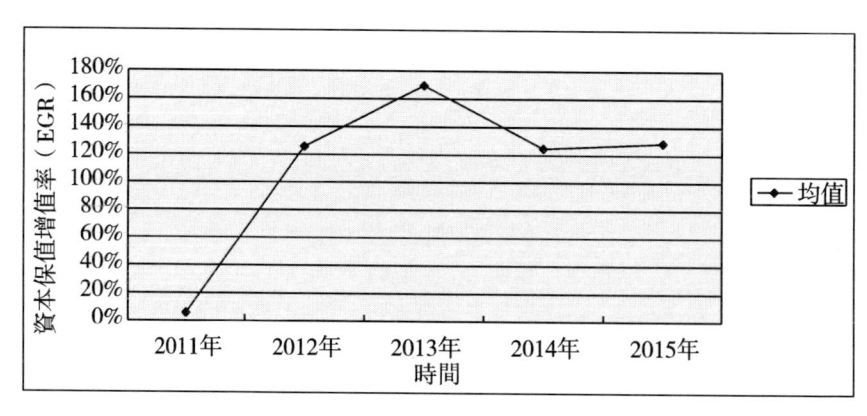

圖4-12 脫困公司2011—2015年的EGR均值

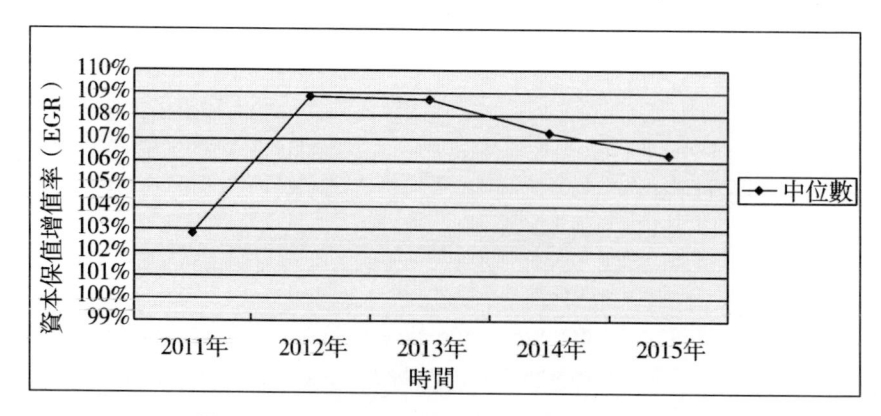

圖4-13 脫困公司2011—2015年的EGR中位數

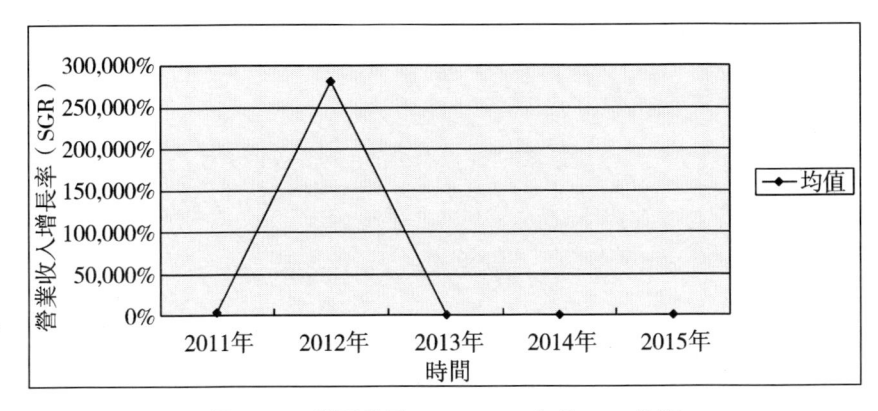

圖 4-14　脫困公司 2011—2015 年的 SGR 均值

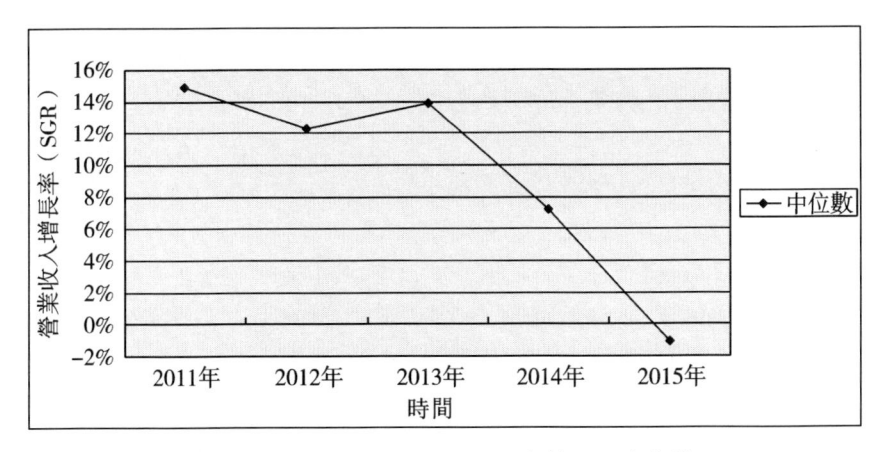

圖 4-15　脫困公司 2011—2015 年的 SGR 中位數

4.3　指標橫向因子分析

在該部分內容中，我們首先對所選擇指標進行正向化處理。10 個指標中只有資產負債率為逆指標，與經營業績負相關，其他 9 個指標均為正指標，數值越高表明公司經營業績越好。以該逆指標的倒數（1/資產負債率）來代替原指標，以保證全部指標的可比性。接下來，對財務困境公司摘帽前 1 年（2011 年）、摘帽當年（2012 年）、摘帽後第 1 至 3 年（2013—2015 年），共 5 年的相應指標分別進行因子分析，計算經營績效得分，並對各年的不同重組選擇方式樣本的得分情況進行橫向比較和分析。表 4-9 列示了各年度指標數據

的 KMO 和 Bartlett 檢驗結果。可以看出，KMO 測度值在 2011 年度接近 0.5，2012 年至 2015 年均大於 0.5，且 Bartlett 球形度檢驗的相伴概率均為 0.000，說明這些數據都適合做因子分析。

表 4-9　　各年度指標數據的 KMO 和 Bartlett 檢驗結果

檢驗參數	2011	2012	2013	2014	2015
KMO 值	0.479	0.630	0.595	0.631	0.658
Bartlett 球形度	256.18	216.12	300.52	243.02	192.94
Sig. 值	0.000	0.000	0.000	0.000	0.000

4.3.1　摘帽前 1 年（2011 年）的經營績效分析

（1）確定因子方差貢獻率及載荷矩陣。以「特徵值大於 1」為公共因子選擇標準，其特徵值與累計方差貢獻率見表 4-10。可以看出：摘帽前 1 年（2011 年）：5 個公共因子涵蓋了最初 10 個指標數據信息總方差的 85.636%。這些因子的含義可以依據成分矩陣或旋轉成分矩陣中的因子載荷值進行解釋。

表 4-11 的因子旋轉成分矩陣顯示了這些因子所代表含義。F_1 主要涵蓋了資產負債率倒數（1/LEV）、流動比率（CUR）和現金流量比率（CFR），可將其定義為風險因子；F_2 主要涵蓋了資產淨利率（ROA）、營業利潤率（OPR），可將其定義為盈利因子；F_3 主要涵蓋了淨資產收益率（ROE）、資本保值增值率（EGR），可將其定義為資本收益因子；F_4 主要涵蓋了成本費用利潤率（PTC）和利息保障倍數（TIED），可將其定義為利息保障因子；F_5 主要涵蓋了營業增長率（SGR），可將其定義為營業增長因子。

表 4-10　　　　2011 年因子特徵值與累計方差貢獻率

因子	提取平方和載入			旋轉平方和載入		
	特徵值	方差貢獻率%	累計方差貢獻率%	特徵值	方差貢獻率%	累計方差貢獻率%
1	3.097	30.973	30.973	2.742	27.418	27.418
2	2.011	20.114	51.087	1.629	16.286	43.704
3	1.268	12.680	63.767	1.624	16.243	59.947
4	1.154	11.543	75.310	1.469	14.691	74.637
5	1.033	10.326	85.636	1.100	10.999	85.636

表 4-11　　　　　　　　　2011 年因子旋轉成分矩陣

指標	F_1	F_2	F_3	F_4	F_5
ROA	0.092	0.770	0.527	0.169	0.119
ROE	0.098	-0.028	0.841	0.073	0.257
OPR	0.030	0.956	-0.095	-0.016	-0.022
PTC	0.292	0.298	0.147	0.743	0.212
LEV	0.971	-0.011	-0.011	-0.064	-0.030
CUR	0.903	0.077	0.081	0.205	-0.084
TIED	-0.040	0.091	0.066	-0.895	0.118
CFR	0.926	0.059	-0.044	0.172	0.001
EGR	0.105	-0.115	-0.772	0.074	0.299
SGR	-0.098	0.041	0.006	-0.006	0.929

（2）計算因子得分及橫向分析。因子得分系數矩陣見表 4-12。

表 4-12　　　　　　　　　2011 年因子得分系數矩陣

指標	F_1 風險因子	F_2 盈利因子	F_3 資本收益因子	F_4 利息保障因子	F_5 營業增長因子
ROA	-0.020	0.413	0.212	0.022	0.038
ROE	0.039	-0.189	0.554	-0.002	0.215
OPR	-0.031	0.674	-0.223	-0.095	-0.079
PTC	0.002	0.088	0.014	0.479	0.140
LEV	0.399	-0.044	-0.005	-0.190	0.020
CUR	0.324	-0.015	0.034	0.018	-0.058
TIED	0.118	0.123	0.058	-0.693	0.154
CFR	0.343	-0.010	-0.048	-0.010	0.029
EGR	0.052	0.020	-0.507	0.061	0.308
SGR	0.001	-0.030	-0.030	-0.050	0.855

根據表 4-12 列示的因子得分系數矩陣對以上五個公共因子的得分進行計算。各因子得分計算表達式為：

$$F_1 = -0.020ROA + 0.039ROE - 0.031OPR\cdots\cdots + 0.052EGR + 0.001SGR$$
$$F_2 = 0.413ROA - 0.189ROE + 0.674OPR\cdots\cdots + 0.020EGR - 0.030SGR$$

$$F_3 = 0.212ROA + 0.554ROE - 0.223OPR\cdots\cdots - 0.507EGR - 0.030SGR$$
$$F_4 = 0.022ROA - 0.002ROE - 0.095OPR\cdots\cdots + 0.061EGR - 0.050SGR$$
$$F_5 = 0.038ROA + 0.215ROE - 0.079OPR\cdots\cdots + 0.308EGR + 0.855SGR$$

依據表4-10，樣本公司的績效綜合得分計算表達式為：

$$F_{綜(2011)} = \frac{27.418\%F_1 + 16.286\%F_2 + 16.243\%F_3 + 14.691\%F_4 + 10.999\%F_5}{85.636\%}$$

根據上述計算公式，可以計算得到每一個樣本公司的各個公因子得分及績效綜合得分。不同重組選擇樣本的得分情況橫向比較見表4-13。

表4-13　　　　　　　　2011年的因子得分比較結果

因子	指標	內部重組	一般性重組	支持性重組	放棄式重組	P值
F_1	均值	0.452	1.021	2.317	16.217	0.335
	中位數	0.497	0.921	1.349	1.326	0.294
F_2	均值	-1.347	0.070	-58.315	14.982	0.910
	中位數	-0.572	0.131	-0.032	-0.371	0.848
F_3	均值	-1.771	0.530	15.139	6.754	0.862
	中位數	-1.417	-0.396	-0.457	-0.409	0.848
F_4	均值	-0.591	-0.487	20.222	-86.422	0.975
	中位數	-1.547	-1.174	-1.094	-0.120	0.848
F_5	均值	29.324	-1.177	44.218	19.801	0.434
	中位數	0.686	-1.942	0.629	0.718	0.324
$F_{綜}$	均值	3.218	0.206	1.672	2.960	0.606
	中位數	0.115	0.124	0.267	0.351	0.848

註：表中的P值指各因子非參數多獨立樣本檢驗中Kruskal Wallis檢驗與中值檢驗的漸進顯著性水平。

由表4-13的數據可知，摘帽前1年，不同重組選擇方式的樣本公司的因子得分存在差異。從風險因子F_1看，放棄式重組得分最高、支持性重組次之，內部重組、一般性重組較低；由於盈利因子F_2、資本收益因子F_3、利息保障因子F_4、營業增長因子F_4的均值與中位數差異較大，我們分析中位數。一般性重組的盈利因子得分為正，其餘重組方式的盈利因子得分均為負值。所有重組策略的資本收益因子和利息保障因子得分的中位數均為負值，但相對而言放棄式重組的得分稍高。這是由於公司尚處於困境，還沒有摘帽脫困，這些公司的盈利能力、資本收益水平和利息保障水平都普遍偏低；從營業增長因子看，

放棄式重組和內部重組得分相對較高，一般性重組則相對較低；綜合績效因子得分的均值與中位數差異不太大，我們將兩者結合起來進行分析。放棄式重組、內部重組的整體綜合業績水平相對較高，一般性重組最低，支持性重組居中。這種得分情況符合公司的重組方式選擇現實：即困境程度低、業績水平相對較高的公司採取了內部重組或新股東接手，業績差、困境程度高的公司則只能採取一般性的重組方式。不過，摘帽前1年，不同重組方式之間的業績得分差異在統計水平上不顯著。

4.3.2 摘帽後各年（2012—2015年）經營績效分析

針對摘帽後各年（2012—2015年）的財務指標數據進行因子分析，方法和過程與2011年相同，此處不再詳述。各年因子得分系數矩陣及樣本公司的績效綜合得分計算分別見表4-13至表4-16以及$F_{綜(2012)}$、$F_{綜(2013)}$、$F_{綜(2014)}$、$F_{綜(2015)}$的表達式。針對2012—2015年樣本公司的績效綜合得分進行分析，對比結果見表4-17。

表4-13　　　　　　　　2012年因子得分系數矩陣

指標	F_1 風險因子	F_2 盈利因子	F_3 增長因子
ROA	−0.065	0.338	−0.049
ROE	−0.111	0.297	0.107
OPR	0.016	0.242	−0.025
PTC	0.029	0.285	−0.127
LEV	0.337	−0.090	0.061
CUR	0.317	−0.061	0.085
TIED	−0.205	0.021	0.138
CFR	0.266	0.031	0.022
EGR	−0.057	0.048	0.634
SGR	−0.057	0.099	−0.695

$$F_{綜(2012)} = \frac{30.731\%F_1 + 29.736\%F_2 + 10.732\%F_3}{71.199\%}$$

表 4-14　　　　　　　　　　2013 年因子得分系數矩陣

指標	F_1 盈利及現金因子	F_2 利息保障因子	F_3 風險因子	F_4 增長因子
ROA	0.310	−0.030	0.030	−0.023
ROE	0.284	−0.040	0.030	−0.042
OPR	−0.016	0.434	−0.028	0.010
PTC	0.223	0.107	0.015	0.026
LEV	0.050	−0.067	0.498	0.036
CUR	0.027	−0.020	0.494	−0.024
TIED	0.130	−0.508	0.038	0.019
CFR	0.324	−0.200	0.007	0.018
EGR	−0.119	0.178	0.076	−0.703
SGR	−0.136	0.174	0.084	0.689

$$F_{綜(2013)} = \frac{30.966\%F_1 + 20.916\%F_2 + 19.897\%F_3 + 10.272\%F_4}{82.05\%}$$

表 4-15　　　　　　　　　　2014 年因子得分系數矩陣

指標	F_1 盈利因子	F_2 風險因子	F_3 營業增長因子
ROA	0.259	−0.056	−0.049
ROE	0.240	−0.131	−0.039
OPR	0.178	0.012	0.335
PTC	0.245	0.019	−0.035
LEV	−0.064	0.461	0.002
CUR	−0.016	0.458	0.044
TIED	−0.157	−0.086	0.346
CFR	0.145	0.188	0.051
EGR	0.084	−0.015	0.082
SGR	0.020	0.041	0.778

$$F_{綜(2014)} = \frac{36.866\%F_1 + 20.807\%F_2 + 11.757\%F_3}{69.429\%}$$

表 4-16　　　　　　　　　　2015 年因子得分系數矩陣

指標	F_1 盈利因子	F_2 風險因子	F_3 利息保障因子	F_4 增長因子
ROA	0.199	-0.035	0.237	0.064
ROE	0.080	0.033	0.287	0.247
OPR	0.396	-0.087	-0.299	-0.070
PTC	0.352	-0.012	-0.107	-0.060
LEV	0.045	0.446	-0.128	0.010
CUR	-0.151	0.501	0.039	0.166
TIED	0.131	0.046	-0.740	0.126
CFR	0.171	0.186	0.071	-0.247
EGR	-0.117	0.133	0.048	0.706
SGR	0.012	-0.043	-0.164	0.470

$$F_{綜(2015)} = \frac{29.717\% F_1 + 20.592\% F_2 + 13.576\% F_3 + 12.293\% F_4}{76.179\%}$$

表 4-17　　　　　　　　2012—2015 年的因子得分比較結果

年度	因子	指標	內部重組	一般性重組	支持性重組	放棄式重組	P 值
2012	F_1	均值	-0.001	0.033	-230.442	0.015	0.760
		中位數	0.016*	0.213*	0.204*	0.910*	0.084
	F_2	均值	0.108	0.022	403.528	-0.084	0.786
		中位數	0.099*	0.014*	0.007*	-0.137*	0.075
	F_3	均值	1.290	1.239	-2,833.952	2.015	0.952
		中位數	1.272	1.061	1.188	0.898	0.848
	$F_{綜}$	均值	0.239	0.210	-358.100	0.275	0.793
		中位數	0.240*	0.200*	0.243*	0.526*	0.089
2013	F_1	均值	1.791	2.711	0.575	46.896	0.602
		中位數	1.163	0.628	0.223	0.554	0.789
	F_2	均值	-6.181	-9.849	-1.843	-183.221	0.561
		中位數	-4.632	-1.380	-1.061	-2.251	0.789
	F_3	均值	2.455	2.270	2.790	16.948	0.552
		中位數	1.283	1.898	1.938	3.150	0.638

表4-17(續)

年度	因子	指標	內部重組	一般性重組	支持性重組	放棄式重組	P值
	F_4	均值	-0.386	-0.545	-0.880	6.026	0.889
		中位數	-0.365*	-0.697*	-0.585*	-0.807*	0.094
	$F_綜$	均值	-0.353	-1.005	0.314	-24.143	0.563
		中位數	-0.494	0.079	0.120	0.398	0.848
2014	F_1	均值	-1.732	-1.355	0.633	-0.019	0.963
		中位數	-0.357	-0.150	-0.292	-0.656	0.848
	F_2	均值	0.742	0.718	2.648	3.513	0.441
		中位數	0.559	0.783	1.154	2.313	0.638
	F_3	均值	4.097	3.071	-1.213	0.122	0.865
		中位數	1.203	0.366	0.731	0.498	0.848
	$F_綜$	均值	-0.004	0.015	0.924	1.063	0.245
		中位數	0.156	0.217	0.328	0.613	0.185
2015	F_1	均值	-3.623	-17.450	-0.998	-1.280	0.595
		中位數	-0.453	0.131	0.136	0.629	0.324
	F_2	均值	0.193	-3.552	2.654	2.356	0.142
		中位數	0.646	1.157	2.280	3.763	0.225
	F_3	均值	18.448	98.829	3.791	5.214	0.482
		中位數	1.107	-1.621	-1.194	-5.703	0.324
	F_4	均值	-2.773	-15.968	0.706	0.425	0.206
		中位數	-0.205	1.034	1.139	3.305	0.294
	$F_綜$	均值	1.479	7.269	1.118	1.136	0.619
		中位數	0.298	0.893	0.518	0.101	0.848

註：表中的P值指各因子非參數獨立樣本檢驗中Kruskal Wallis檢驗與中值檢驗的漸進顯著性水平，*表示差別在10%水平上顯著。

2012年，仍以「特徵值大於1」為標準，得到公共因子3個，其定義如下：F_1為風險因子、F_2為盈利因子、F_3為增長因子。表4-17顯示，三種不同重組策略樣本公司的風險因子得分、盈利因子得分與績效綜合得分都存在顯著差異。放棄式重組的風險因子得分最高，一般性重組和支持性重組次之，內部重組的風險因子得分最低。內部重組的盈利因子得分最高，放棄式重組的盈利因子得分最低，且均在10%的水平上差異顯著。再看綜合績效得分，依然是放

棄式重組得分最高，一般性重組得分最低。可以看出，在摘帽當年，放棄式重組公司獲得了較高的經營業績水平。這說明了股權變更及控製權轉移後，新股東會為困境公司輸入大量的資源，對困境公司採取諸多措施，從而提高了這些公司的綜合業績水平。

2013年：以「特徵值大於1」標準得到公共因子4個：F_1為盈利及現金流量因子、F_2為利息保障因子、F_3為風險因子、F_4為增長因子。表4-17顯示，放棄式重組公司的盈利及現金流量因子得分、風險因子得分均最高，說明該類公司的盈利水平和質量較好，財務風險較低；但是，四種不同重組策略公司的利息保障因子得分均不理想，得分均為負值。不過各因子得分不存在顯著差異。從整體績效得分看，放棄式重組的中位數依然最高，支持性重組居中，自我重整和一般性重組較低。

2014年：仍以「特徵值大於1」的因子提取標準，得到3個公共因子：F_1為盈利因子、F_2為風險因子、F_3為營業增長因子。各因子得分及整體績效得分情況在不同的重組選擇樣本之間的差異不存在顯著性。但就整體情況看，放棄式重組依然最高（綜合績效得分均值1.063、中位數0.613），支持性重組樣本其次（綜合績效得分均值0.924、中位數0.328），內部自我重組樣本最低（綜合績效得分均值-0.004、中位數0.156）。

2015年：採取與上述相同的因子提取方法，得到4個公因子：F_1為盈利因子、F_2為風險因子、F_3為利息保障因子、F_4為增長因子。各因子得分及總體績效得分情況見表4-17。可以看出，2015的各因子得分及整體績效得分在不同的重組選擇樣本之間不存在顯著性差異。但從整體情況看，一般性重組公司的績效水平開始顯著提升，並居於最高，內部重組居於其次。放棄式重組的業績水平開始下降，與支持性重組的樣本水平相當。

表4-18列示了不同重組策略樣本公司摘帽當年（2012年）、摘帽後兩年（2012—2013年）、摘帽後4年（2012—2015年）的經營績效平均綜合得分情況[①]。可以看出，摘帽當年，由於獲得的新股東的強有力支持或原有股東的支持，支持性重組的綜合績效得分最高，放棄式重組樣本次之，內部重組和一般性重組樣本得分較低；從摘帽後2年的績效得分平均情況看，依然是支持性重組最高、放棄式重組次之、內部重組和一般性重組樣本得分較低；從摘帽後4年的總體經營績效平均得分情況看：一般性重組居於最高，支持性重組股和放

[①] 由於48家樣本公司中有2家公司的經營業績得分出現極值（600275在2013年的綜合績效得分、600706在2011年、2012年各因子得分），故此處我們將該2家公司剔除，將剩餘的46家樣本公司的業績水平進行對比。

棄式重組次之，自我重組公司的業績水平最低，說明依靠自我而脫困的公司其後續發展乏力。

表 4-18　　不同重組方式公司的經營績效綜合得分比較

綜合得分	指標	全部樣本	內部重組	一般性重組	支持性重組	放棄式重組
$F_{2012綜}$	均值	0.724	0.239	0.210	0.937	0.244
	中位數	0.255	0.240	0.200	0.248	0.492
$F_{12-13綜}$	均值	0.397	-0.057	-0.398	0.630	-0.067
	中位數	0.167	-0.113	0.168	0.169	0.394
$F_{12-15綜}$	均值	0.810	0.340	1.622	0.837	0.574
	中位數	0.320	0.168	0.439	0.329	-0.239

5 財務困境公司脫困後的業績提升

5.1 財務困境公司脫困後的業績分類分析

我們針對財務困境公司脫困後 4 年（2012—2015 年）的綜合業績得分，將脫困公司分為三大類，見表 5-1。

表 5-1　　　財務困境公司脫困後的綜合業績狀況分類[①]

類別	證券代碼	綜合業績得分	類別	證券代碼	綜合業績得分
業績良好公司	000603	6.100	業績中等公司	002145	0.293
	600757	5.380		600847	0.287
	600894	4.221		600203	0.249
	000722	4.107		600609	0.207
	600506	3.164		000737	0.168
	600130	2.160		000587	0.159
	000607	2.006		600207	0.104
	600080	1.969		000430	0.092
	600490	1.155		600604	0.048
	600209	1.136		600699	0.047
	600890	1.113		600335	0.003

---

① 此處，綜合業績指財務困境公司脫困後自 2012 年至 2015 年的綜合業績得分的平均值；48 家脫困公司是本書第 5 章中進行長期經營業績分析的 48 個樣本公司。

表5-1(續)

類別	證券代碼	綜合業績得分	類別	證券代碼	綜合業績得分
業績中等公司	600882	0.851	業績較差公司	600419	−0.009
	600727	0.819		600094	−0.021
	600365	0.779		600313	−0.153
	600868	0.716		000863	−0.156
	000818	0.551		600149	−0.208
	000007	0.439		000981	−0.216
	600854	0.410		600645	−0.325
	600515	0.399		600800	−0.327
	000048	0.397		600562	−0.363
	600281	0.393		000697	−0.902
	600084	0.330		600355	−0.960
	000156	0.329		600275	−53.348
	600532	0.311		600706	−2,961.666

從表5-1可見，48家脫困公司中，有11家公司的綜合業績得分高於1，我們將其定義為「業績良好公司」，有24家公司的綜合業績得分處於[0, 1]區間，我們將其定義為「業績中等公司」，有13家公司的綜合業績得分低於0，我們將其定義為「業績較差公司」。這些公司的2012—2015年綜合業績得分均值、標準差及中位數情況見表5-2。

表5-2　　　　財務困境公司脫困後業績的描述性統計

業績類別	均值	中位數	標準差	P值
業績良好公司（11）	2.956***	2.160***	1.766	0.000
業績中等公司（24）	0.349***	0.320***	0.246	0.000
業績較差公司（13）	−232.204***	−0.325***	820.232	0.000
業績較差公司（11）	−0.331***	−0.216***	0.318	0.000

註：表中的P值指各因子非參數獨立樣本檢驗中Kruskal Wallis檢驗與中值檢驗的漸進顯著性水平，***表示差別在10%水平上顯著。

從表5-2可見，不同業績類別脫困公司的綜合業績得分均值和中位數存在差異，且在1%水平上顯著。11家業績良好公司的業績均值為2.956，中位

數 2.169；24 家業績中等水平公司業績均值為 0.349，中位數 0.320；13 家業績較差公司業績均值為-232.204，中位數為-0.325；由於業績較差公司中的 600275、600706 的綜合業績得分極低，屬於極值範疇，將其刪掉後剩餘 11 家公司的業績得分均值為-0.331，中位數-0.216，這 11 家公司的業績水平和業績中等、業績良好公司的業績水平也存在 1%水平上的顯著差異。

我們接下來對這 46 家公司①的股權性質、重組情況等進行分析。見圖 5-1：業績良好公司共 11 家，其中國有公司 8 家，占比 72.73%，民營公司 3 家，占比 27.27%；業績中等公司共 24 家，其中國有公司 14 家，占比 58.33%，民營公司 10 家，占比 41.67%；業績較差公司共 11 家，其中國有公司 7 家，占比 63.64%，民營公司 4 家，占比 36.36%。再看表 5-3 所列的不同股權性質公司的業績類別構成情況。國有公司共 29 家，其中：業績良好公司 8 家，占比 27.58%，業績中等公司 14 家，占比 48.28%，業績較差公司 7 家，占比 24.14%；民營公司共 17 家，其中：業績良好公司 3 家，占比 17.64%，業績中等公司 10 家，占比 58.82%，業績較差公司 4 家，占比 23.54%。可以看出，業績較差公司的比例，國有公司和民營公司相差不大，業績良好公司的比例，國有公司高於民營公司，業績中等公司的比例，民營公司高於國有公司。因此，總體來說，國有屬性的脫困公司其業績水平要好於民營屬性的脫困公司業績水平。

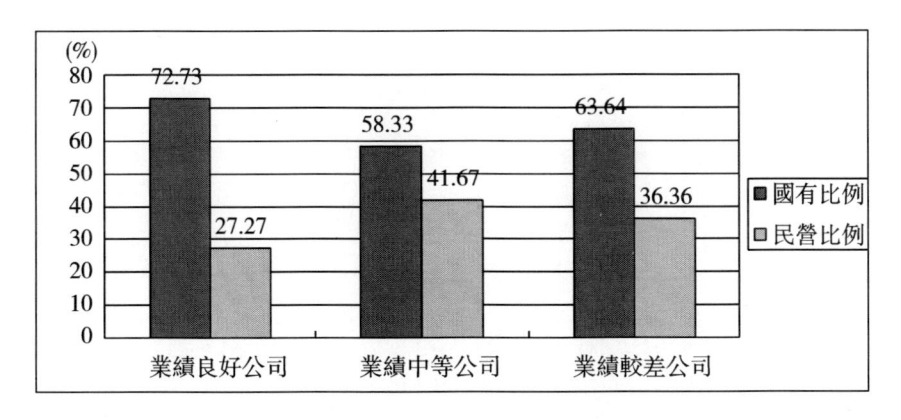

圖 5-1 不同業績類別公司的股權性質

① 將 2 家極值公司數據刪除後剩餘 46 家脫困公司。

表 5-3　　　　　　　　　不同股權性質脫困公司的業績狀況

股權性質	業績良好公司 數量	業績良好公司 占比	業績中等公司 數量	業績中等公司 占比	業績較差公司 數量	業績較差公司 占比
國有公司（29）	8	27.58%	14	48.28%	7	24.14%
民營公司（17）	3	17.64%	10	58.82%	4	23.54%

再看圖 5-2、表 5-4 的重組策略情況。11 家業績良好公司中，一般性重組 1 家，占比 9%，支持性重組 8 家，占比 73%，放棄式重組 2 家，占比 18%，內部重組公司為 0；24 家業績中等公司中，內部重組 3 家，占比 13%，一般性重組 2 家，占比 8%，支持性重組 18 家，占比 75%，放棄式重組 1 家，占比 4%；11 家業績較差公司中，支持性重組 6 家，占比 55%，放棄式重組 5 家，占比 45%，內部重組和一般重組均為 0。四種重組策略，3 家內部重組公司全部為業績中等水平；3 家一般性重組公司，其中 1 家為業績良好、2 家為業績中等；32 家支持性重組公司，其中 8 家業績良好，占比 25%，18 家業績中等，占比 56%，6 家業績較差，占比 19%；8 家放棄式重組公司，其中 2 家業績良好，占比 25%，1 家業績中等，占比 12%，5 家業績較差，占比 63%。總體來說，一般性重組和支持性重組股的業績較好，放棄式重組和內部重組相對要差一些。

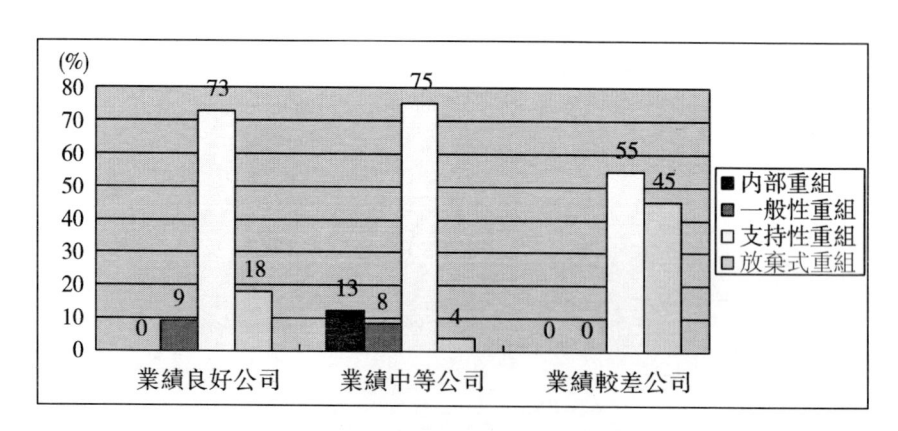

圖 5-2　不同業績類別公司的重組策略

表 5-4　　　　　　　　　不同重組策略公司的業績狀況

重組策略	業績良好公司 數量	業績良好公司 占比	業績中等公司 數量	業績中等公司 占比	業績較差公司 數量	業績較差公司 占比
內部重組（3）	0	0%	3	100%	0	0%
一般性重組（3）	1	33%	2	67%	0	0%
支持性重組（32）	8	25%	18	56%	6	19%
放棄式重組（8）	2	25%	1	12%	5	63%

財務困境公司重組脫困後有相當一部分變更主業，我們看這些公司的脫困後綜合業績狀況，見圖5-3。11家業績良好公司中，變更主業公司4家，占比36%，未變更主業公司7家，占比64%；24家業績中等公司中，9家變更主業，占比38%，15家未變更主業，占比63%；11家業績較差公司中，2家變更主業，占比18%，9家未變更主業，占比82%；再看表5-5：15家主業變更公司，業績良好4家，占比26.67%，業績中等9家，占比60.60%，業績較差2家，占比13.33%；31家主業變更公司，業績良好7家，占比22.58%，業績中等15家，占比48.39%，業績較差9家，占比29.03%。總體來說，財務困境公司重組脫困後變更主業的公司，其綜合業績水平要優於未變更主業的脫困公司。

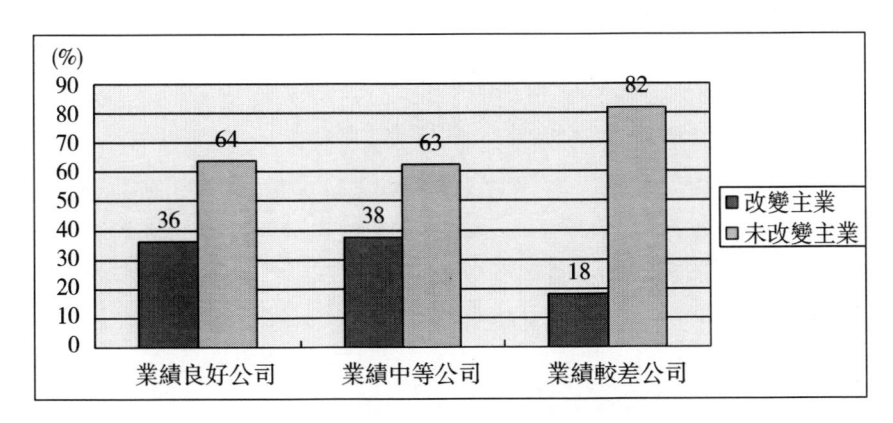

圖 5-3　不同業績類別公司重組脫困後的主營業務狀況

表 5-5　　　　　　　　不同重組策略公司的業績狀況

ST 公司重組脫困後主業變更情況	業績良好公司		業績中等公司		業績較差公司	
	數量	占比	數量	占比	數量	占比
主業變更（15）	4	26.67%	9	60.60%	2	13.33%
主業未變更（31）	7	22.58%	15	48.39%	9	29.03%

5.2　財務困境公司脫困後的業績提升分析

5.2.1　研究現狀與假設

國內外學者對困境公司重組脫困的業績分析結果並不一致。James 等（2000）的研究認為重組後利潤會提高，Bergstrom 等（2002）的研究則表明重組後困境公司業績並無顯著改善。國內學者普遍認可困境公司重組能帶來短期市場效應卻不能改善其長期的經營績效，脫困公司的長期經營績效並未得以好轉。以上研究一般以脫困公司的各指標均值（中位數）作為分析手段，對 ST 公司脫困之後的績效改善與否進行判斷，但並未就這些公司摘帽之後的業績提升與持續發展提出相應的方法，也少有研究針對脫困後的業績優劣進行分類和分析，探求 ST 公司脫困後的績效提升問題。而該問題恰恰是 ST 公司摘帽脫困之後最應被關注的問題。本書針對脫困公司摘帽之後的業績表現，將其分為業績優良、業績中等、業績較差三組，探求不同組別公司之間的差異特徵，實證分析脫困公司業績提升的策略與途徑。

　　Madian（1997）曾提出，以產業調整與創新為目的的資產重組是公司恢復成長能力的有效途徑。李秉祥（2003）的研究也發現，重組後業績改善較明顯的公司，一般都發生了從主營方向開始的一系列產業調整和改變。李杭（2004）在其研究中分析，重組以產業結構調整為目標可以使企業突破已結構化的產業約束，提高其業績水平。上市公司陷入財務困境被 ST，很多是由於產品結構不合理、主營業務盈利差甚至虧損所導致，因此，以重組為手段調整和優化產業結構是 ST 公司摘帽和業績改善的重要策略。基於此，我們提出假設 1。

　　H1：重組後產業結構調整公司的業績水平優於未進行產業調整的公司。

　　關聯交易在中國證券市場普遍存在，上市公司的控股股東既有利用關聯交

易向上市公司輸送利益的動機，同時也存在通過關聯交易從上市公司轉移利益的行為。很多研究表明，公司陷入困境，控股股東的關聯交易大多是「支持」行為，而當公司無保殼之憂時，控股股東的關聯交易則多是「掏空」。ST公司摘帽之後業績恢復，控股股東先前所付出的「支持」成本在此時要求彌補與回饋，並轉化為「掏空」的利益驅動。這種「掏空」無疑會降低公司的業績水平。基於此，我們提出假設2。

H2：摘帽後與控股股東的關聯交易會影響公司績效，關聯交易額越高，其業績水平越低。

機構投資者對上市公司的治理與業績也產生較大的影響。Bushee（1998）提出，機構投資者促使公司考慮長期利益而加大研發費用投入；Guercio等（2008）的研究表明，機構投資者面對績效較低公司會聯合行動，迫使董事會按照股東利益進行決策；李維安、李濱（2008）針對中國證券的研究結果顯示，機構投資者持股比例與公司績效和市場價值之間存在顯著的正相關關係。本章的前半部也證實了機構投資者持股比例對ST公司摘帽後長期市場績效的正向作用。基於此，我們提出假設3。

H3：機構投資者持股對經營績效具有促進作用，機構投資者持股比例高的公司，其摘帽脫困之後的經營績效水平要高。

自1932年Berle和Means提出公司治理結構概念以來，公司治理一直被認為是保障科學決策和提升公司業績與價值的重要工具。已有研究證明，弱化的公司治理結構會誘發財務困境，而完備的公司治理機制又會促進困境公司的成功逆轉（Elloumi，2001；Alpaslan，2004；等）。那麼，從理論上講，ST公司摘帽之後的績效狀況也會受其公司治理結構的影響。

公司治理是一個多層次的體系框架，公司治理與績效關係的研究也存在多個角度。股權制衡是其中一個重要的方面。Lehmann（2000）、Benjanmin（2005）、白重恩等（2005）利用不同國家上市公司的數據證實，股權制衡能夠約束控股股東的剝奪行為，提升公司業績與價值。然而，ST公司在該方面的表現則正好相反：股權集中有利於業績提升並成功脫困，股權制衡與公司摘帽負向相關（見Claessens，2000；趙麗瓊，2008；本書第5章研究結論）。這是因為，股權集中有利於控股股東的「支持」。當ST公司成功摘帽，業績好轉之後，控股股東的「支持」開始逆向轉化，股權集中會加速股東的掠奪行為，而股權制衡卻可以達到相互牽制和抑制掠奪的作用。基於此，我們提出假設4。

H4：股權制衡度高的摘帽公司其業績水平更好。

董事會被認為是公司治理結構的重要組成部分。然而，董事會特徵與公司績效水平的關係一直是學術界存在爭議的問題。Chaganti 等（1985）認為，較大規模董事會能夠帶來多樣化專業知識，從而提升公司業績並降低其失敗概率；William（1994）的研究也表明，董事會規模擴大有利於治理效率的提高；然而，相反的觀點卻大量存在：Lipton & Lorsch（1992）就指出，大規模董事會可能產生溝通與協調問題，從而導致決策效率降低；Yermack（1996），Eisenberg（1998）的研究也證實了董事會規模與公司績效之間負相關。除董事會規模之外，在獨立董事比例與董事長與總經理二職合一的研究上同樣存在爭議。Baysinger（1985）的研究表明，獨立董事在董事會中的構成比例和公司業績之間呈正相關關係。Agrawal 等（1996）的研究卻得出相反的結果：獨立董事比例高的公司，其業績反而更差。Anderson、Lynn Pi 和 Daily 分別就總經理的兩職合一與公司績效之間的關係得出不同的結論：Anderson（1986）認為兩職合一會提升公司業績，Lynn Pi（1993）卻堅持兩職合一與公司業績負相關，而 Daily（1997）的研究則發現，是否兩職合一與公司業績之間並無顯著關係。基於以上分析，我們提出假設 5 至假設 7：

　　H5a：董事會規模與脫困公司績效正相關；

　　H5b：董事會規模與脫困公司績效負相關；

　　H6a：獨立董事比例與脫困公司績效正相關；

　　H6b：獨立董事比例與脫困公司績效負相關；

　　H7a：董事長與總經理兩職合一與脫困公司績效正相關；

　　H7b：董事長與總經理兩職合一與脫困公司績效負相關。

　　高管激勵對公司的績效也有顯著影響。Barro 等（1990）的研究發現，高管薪酬與公司業績之間存在正相關關係，且高管變更公司其業績水平一般會提高；Morck、Shleifer 和 Vishny（1998）的研究則證實了高管持股與公司業績之間的關係，他們發現，隨著高管持股比例的增加，其利益與外部股東利益趨於一致，從而提升公司業績與價值。劉斌等（2003）認為，中國上市公司的 CEO 薪酬狀況已體現了一定的激勵約束機制，李瑞等（2011）的研究也證實高管薪酬與高管持股對公司績效產生正向影響。基於此，我們認為，高管激勵對 ST 公司脫困後的經營績效產生促進作用，並以此為基礎提出假設 8 至假設 10：

　　H8：高管變更公司其摘帽恢復業績較好；

　　H9：高管薪酬水平與脫困公司績效正相關；

　　H10：高管持股比例與脫困公司績效正相關。

5.2.2 樣本公司特徵

以 46 家摘帽脫困公司為樣本,依據這些公司摘帽後 4 年(2012—2015 年)的經營績效得分情況均值(0.810),將這些公司分為兩大類:績優組和績差組。其中,績優組公司包括 4 年績效得分平均值高於均值 0.810 的公司共 13 家,績差組公司包括 4 年績效得分平均值低於均值 0.810 的公司共 33 家,這些公司的特徵情況見表 5-6。

表 5-6　　　　　　　不同績效類別公司的特徵均值

特徵變量	全部公司 (74)	績優組公司 (13)	績差組公司 (33)	P 值
公司規模(SIZE)	9.377	9.217	9.441	0.613
控股股東性質(CSN)	0.630	0.769***	0.576***	0.005

*** 表示差別在 1%水平上顯著。

由表 5-6 可見:績優公司的控股股東性質均值為 0.769,績差組公司的控股股東性質均值為 0.576,雙方在 10%水平上存在差異,說明國有控股屬性的公司其脫困後的總體績效水平更高;績優公司的資產規模均值為 9.217,績差公司的資產規模均值為 9.441,說明規模小的公司其脫困後業績更容易提升,但兩者差異在統計上並不顯著。

5.2.3 實證分析

(1) 模型與變量設計

根據前面的分析與假設,以 46 家脫困摘帽公司的產業結構調整、關聯交易、機構持股比例、公司治理情況(包括股權制衡度、董事會規模、獨立董事比例、CEO 的雙重性、高管變更、高管薪酬、高管持股比例)為解釋變量,以這些公司 4 年平均綜合績效得分為被解釋變量,構建多元線性迴歸模型(見模型 5.1)與 logit 迴歸模型(見模型 5.2)。兩模型的控製變量均為公司規模、控股股東性質和資本密集度。

$$Y(Line)_i = \alpha_0 + \alpha_1 INC_i + \alpha_2 RT_i + \alpha_3 PHR_i + \alpha_4 Z*_i + \alpha_5 BDS_i + \alpha_6 EDR_i$$
$$+ \alpha_7 DUAL_i + \alpha_8 TMC_i + \alpha_9 TMS_i + \alpha_{10} TMH_i + \alpha_{11} SIZE_i$$
$$+ \alpha_{12} CSN_i + \varepsilon_i \qquad (5.1)$$

$$P(Y(Logit)_i = 1) = \frac{1}{1 + e^{-Z_i}}$$

$$Z_i = \beta_0 + \beta_1 INC_i + \beta_2 RT_i + \beta_3 PHR_i + \beta_4 Z*_i + \beta_5 BDS_i + \beta_6 EDR_i$$
$$+ \beta_7 DUAL_i + \beta_8 TMC_i + \beta_9 TMS_i + \beta_{10} TMH_i + \beta_{11} SIZE_i + \beta_{12} CSN_i + \varepsilon_i$$
$$(5.2)$$

Y_i 表示脫困公司的長期經營績效。在模型 5.1 中，$Y_i(Line)$ 指財務困境公司摘帽後 4 年綜合績效得分的平均值，為連續變量；在模型 5.2 中，$Y_i(Logit)$ 指財務困境公司摘帽後 4 年綜合績效得分的平均值是否高於全部公司 4 年綜合績效平均得分的均值，即該公司是否屬於績優公司，為邏輯變量。若屬於績優公司，取值 1，否則取值 0。模型中的其他各變量設定見表 5-7：

表 5-7　　　　　　　　　　　變量設定表

變量符號	變量名稱	變量設定
INC	產業結構調整	ST 公司在最大影響重組之後發生主業變更、產品結構調整等，取值 1；否則取值 0
RT	關聯交易比率	摘帽 ST 公司與其控股股東之間所發生的關聯交易總額占其總資產比重（摘帽後 4 年的平均值）
PHR	機構投資者持股比例	機構投資者持股數/公司總股本數（摘帽後 4 年的平均值）
Z*	股權制衡度	第 2 至第 5 大股東持股比例/第 1 大股東持股比例（摘帽後 4 年的平均值）
BDS	董事會規模	董事會人數（摘帽後 4 年的平均值）
EDR	獨立董事比例	獨立董事人數/董事會人數（摘帽後 4 年的平均值）
DUAL	董事長與總經理兼任	董事長與總經理二職合一，取值 1；否則取 0（摘帽後 4 年的平均值）
TMC	高管變更	ST 公司在摘帽後發生董事長或 CEO 變更，取 1；否則取 0
TMS	高管薪酬	年薪最高前 3 名高管薪酬總額（摘帽後 4 年的平均值）（單位：萬元）
TMH	高管持股比例	高級管理人員持股總數/公司總股本數（摘帽後 4 年的平均值）
SIZE	公司規模	公司總資產的自然對數（摘帽後 4 年的平均值）
CSN	控股股東性質	控股股東性質為國有，取值 1；否則取 0（摘帽後 4 年的平均值）

（2）描述性統計

表 5-8 列示的是脫困公司的各變量均值。其中，長期經營績效、董事長與總經理兼任、控股股東性質在績優公司與績差公司之間存在 1% 水平上的顯著

差異：績優組公司的長期經營績效無論是在具體得分還是分類得分上均顯著高於績差組公司；從董事長與總經理兼任情況看，績優組公司均值顯著低於績差組公司均值，說明績優組公司較多地採取了不兼任模式，而績差組公司則較多地採取了兼任模式；績優組公司的控股股東性質均值顯著高於績差組公司，說明國有屬性控股公司脫困的業績狀況要優於民營控股公司。關聯交易比重在績優公司與績差公司之間存在5%水平上的顯著差異；績優組公司關聯交易比重均值顯著低於績差組公司均值，說明財務困境公司脫困之後的關聯交易可能存在掏空的動機而致使公司業績降低。績優公司的機構投資者持股比例均值為0.166，績差公司機構投資者持股比例均值為0.128，雙方存在10%水平上的顯著差異，說明機構投資者對績優公司的持股比例比績差組公司要高。從產業結構調整、股權制衡度、董事會規模、獨立董事比例情況看，績優組公司的均值高於績差組公司，說明績優公司更多地採取了產業調整和變更，且其公司治理中的董事會發揮了一定作用，但不顯著。

此外，從股權制衡度、高管變更、高管薪酬、高管持股比例、公司規模情況看，績優組公司的均值比績差組公司均值要低，說明股權制衡度高的公司其業績水平反而較低，高管薪酬、高管持股比例高的公司其業績水平也較低，但它們的差異在統計上都不顯著。

表 5-8 脫困公司各變量均值

變量	全部公司（74）	績優組公司（13）	績差組公司（33）	P 值
$Y(Line)$	0.810	2.629***	0.093***	0.000
$Y(Logit)$	0.283	1.000***	0.000***	0.000
INC	0.326	0.405	0.303	0.160
RT	0.220	0.144**	0.250**	0.015
PHR	0.134	0.166*	0.128*	0.087
Z*	0.725	0.712	0.731	0.633
BDS	8.636	8.192	8.811	0.722
EDR	0.382	0.392	0.378	0.480
DUAL	0.212	0.019***	0.288***	0.000
TMC	0.717	0.692	0.727	0.657
TMS	214.22	193.86	222.24	0.282
TMH	0.014	0.004	0.065	0.177

表5-8(續)

變量	全部公司 （74）	績優組公司 （13）	績差組公司 （33）	P 值
SIZE	9.377	9.217	9.441	0.613
CSN	0.630	0.769***	0.576***	0.005

註：表中的 ***、**、* 分別表示差別在 1%、5%、10%水平上顯著。

(3) 迴歸結果

對 46 家摘帽脫困公司的指標數據進行多元線性迴歸與 logit 迴歸，得到模型的迴歸結果見表 5-9。

表 5-9　　　　　　模型 5.1、5.2 的迴歸結果

變量	模型 5.1（多元線性迴歸）		模型 5.2（logit 迴歸）	
	B	t 值	B	sig. 值
Constant	−1.605	−0.270	11.907	0.136
INC	0.458*	2.103	0.844	0.439
RT	−1.641*	−2.006	−7.130*	0.065
PHR	0.453	0.386	1.287	0.114
Z^*	−0.009	−0.023	0.634	0.543
BDS	0.199	0.936	−0.443	0.442
EDR	5.848	1.205	5.816	0.569
DUAL	−1.851**	−2.155	−12.056*	0.072
TMC	−0.080	−0.134	0.282	0.843
TMS	−0.001	−0.702	−0.002	0.581
TMH	−0.032	−0.692	−0.086	0.786
SIZE	−0.083	−0.130	−1.876*	0.074
CSN	0.307	0.546	1.083	0.204
模型指標	F 值	1.874	−2log likehood	54.749
	Adj. R^2	0.135	Nagelkerke R^2	0.485

註：**、* 分別表示在 5%、10%水平上顯著。

產業結構調整在多元線性迴歸與 logit 迴歸中的係數均為正，且在多元線性迴歸中以 10%水平而顯著，說明產業結構調整公司的業績水平優於未進行產業調整的公司，假設 1 得到驗證；關聯交易比重在多元線性迴歸與 logit 迴歸中的係數均為負，且均在 10%水平上顯著，說明脫困公司與其控股股東的關聯交

易會影響公司績效，關聯交易額越高，比重越大，公司業績越低。假設2得到驗證。

機構投資者持股比例在兩個模型中的系數均為正，與公司業績正相關，說明機構投資者持股對經營績效具有促進作用，但統計上不顯著。假設3未完全得到驗證。

股權制衡度在兩模型中的系數不一致，在線性迴歸中為負而在 logit 迴歸中為正，董事會規模在兩個模型中的系數也存在反向差異，統計上都不顯著，說明股權制衡、董事會規模未能對脫困公司發揮有效治理作用。假設4、假設5未得到驗證。

獨董比例在兩模型中的系數均為正，說明獨立董事比例高的公司其脫困業績更好，但統計上不顯著，故假設6也未完全得到驗證；董事長與總經理兼任的係數在兩個模型中均為負，且線性迴歸模型的顯著性為5%、logit 迴歸模型中的顯著性為10%，說明董事長與總經理的二職合一不利於脫困公司業績水平的提高，假設7得到驗證；高管變更在多元線性迴歸中係數為負，在 logit 迴歸中係數為正，但均不顯著，說明高管變更對財務困境公司摘帽之後的業績影響不明確，假設8未通過驗證；高管薪酬、高管持股比例在兩模型中的係數均為正，但均不顯著，說明較高的高管薪酬與高管持股並未對 ST 公司的業績起到提升作用。假設9、假設10未通過驗證。控制變量中，公司規模在兩個模型中的係數均為負，且在 logit 迴歸模型中的顯著性為10%，說明資產規模較小的公司其脫困後業績反而更容易得到提升，控股股東性質的係數在兩模型中全部為正，說明國有控股屬性公司其摘帽後的業績水平更好，但統計上不顯著。我們認為，國有控股股東的「掏空」行為在一定程度上為製度所規範，其對上市公司的「支持」大於「掠奪」，故而導致財務困境公司摘帽脫困後的業績水平較好。

6 結論與建議

6.1 研究結論

本書主要研究結論如下：

（1）基於不同重組方式而脫困的財務困境公司，其脫困後的短期市場績效存在差異，但不顯著。

財務困境公司脫困摘帽的短期市場效應比較明顯。全部樣本公司在摘帽公告日前後 20 天共 40 個交易日內的累計超額收益率始終為正，摘帽向市場傳遞了積極信號，摘帽前後投資者獲得了顯著的正超額回報，尤其是公告日當天，股東的短期財富增加。不同重組策略的短期市場績效存在差異：內部重組公司的日超額收益率正值少、負值多，窗口期內累計超額收益率為負；一般性重組的累計超額收益率高於內部重組公司，但在整個窗口期內依然為負；支持性重組公司與放棄式重組公司的短期市場表現與內部重組和一般性重組呈現較為明顯的差異特徵，在整個窗口期內均為正值，且放棄式重組公司的累計超額收益率高於支持性重組公司的累計超額收益率。四種不同的重組方式變量分別進入模型迴歸結果表明：

內部重組、一般性重組對累計超額收益率產生負作用，支持性重組與放棄式重組對累計超額收益率產生正向作用，即放棄式重組、支持性重組相較於內部重組和一般性重組方式，更能促進困境公司摘帽脫困公告期前後累計超額收益率的提升，但這種影響並不顯著。

（2）ST 公司脫困後的經營績效整體不理想，不同重組方式的脫困公司的經營業績存在差異。

與摘帽前 1 年的定比分析中發現，公司摘帽脫困之後除資產負債率、流動比率這些財務風險指標出現顯著的逐漸好轉之外，其他的盈利能力、增長能力

指標在脫困第 1 年得以顯著提升，之後出現下降，儘管第 3 年又有提升，但第 4 年又出現明顯下降趨勢。總體業績表現不理想。

各年度分類樣本橫向比較發現，摘帽前 1 年，放棄式重組、內部重組的整體綜合業績水平相對較高，一般性重組最低，支持性重組居中；摘帽後第 1 年，放棄式重組業績水平最高，一般性重組業績水平最低；摘帽後第 2 年，放棄式重組的業績依然最高，支持性重組居中，自我重整和一般性重組較低；摘帽後第 3 年，放棄式重組依然最高，支持性重組其次，內部自我重組最低；摘帽後第 4 年，一般性重組公司的績效水平開始顯著提升，並居於最高，內部重組居於其次，放棄式重組的業績水平開始下降，與支持性重組的樣本水平相當。從摘帽後 2 年的績效得分平均值看，支持性重組最高、放棄式重組次之、內部重組和一般性重組樣本得分較低；從摘帽後 4 年的總體經營績效平均值看：一般性重組居於最高，支持性重組股和放棄式重組次之，自我重組公司的業績水平最低。

（3）產業結構調整、關聯交易比重、董事長與總經理的二職合一對 ST 公司脫困後的績效提升具有顯著影響，機構投資者持股也對脫困業績產生影響，公司治理中的其他因素對脫困後績效未能發揮作用。

財務困境公司脫困之後的業績提升實證研究發現：產業結構調整與經營績效正相關，且多元線性迴歸中在 10% 水平上顯著，對 ST 公司脫困之後的經營業績提升具有促進作用；關聯交易比重與經營績效負相關，且在 10% 水平上顯著，即與控股股東的關聯交易會降低脫困公司的業績水平；董事長與總經理二職合一與經營績效負相關，且分別在 5% 和 10% 水平上顯著，即兩職分離有利於促進脫困公司業績；機構投資者持股、獨董比例對脫困業績產生正向影響，但並不顯著；其他諸如股權制衡度、董事會規模、高管薪酬與股權激勵等公司治理對脫困後績效未能發揮作用。

6.2　相關建議

6.2.1　對 ST 公司及其控股股東的建議

（1）分析公司陷入財務困境的原因，確定重組策略與方式。財務困境公司在面臨困境時，應對困境形成原因進行深挖分析，評估公司營運狀況、困境程度以及自我脫困能力，選擇合理可行的脫困策略和重組方式。

（2）以財務困境公司的脫困為契機，以重組為手段，加強內部管理，實

施主業變更、增加優勢新產品、調整產品結構等產業結構調整策略，優化資源配置和提升公司業績水平。

（3）建立董事長與總經理任職製度，通過兩職分離，互相制約、互為補充，發揮各職位作用，促進領導者的責任意識。

6.2.2　對中小投資者的建議

建議中小投資者在資本市場上不要盲目跟進，應分析財務困境公司的業績基礎、行為選擇情況、財務能力等方面，盡可能選擇具有長期投資價值的公司股票。

6.2.3　對政府監管機構建議

（1）引導和規範財務困境公司的重組行為。既然 ST 公司在現實中頻繁採取資產重組而成功摘帽，這種重組行為一方面需要加以引導，另一方面更需要進一步規範。在當前 IPO 上市製度框架之下，鼓勵新商業模式的企業通過重組方式進入資本市場並為其提供便利，推進市場化的、競爭性重組機制的建立，規範上市公司重組程序，提高資產重組效率。

（2）鼓勵機構投資者持股，發揮機構投資者的治理作用。機構投資者能夠促進上市公司規範運行、提升上市公司經營業績和發揮資本市場穩定器作用。建議在現有信託投資公司、證券公司基礎上，引入商業性養老基金、共同基金、保險基金及境外投資機構，實現機構投資者多元化，鼓勵其在資本市場上的增持行為，促進機構投資者對上市公司的監督和治理作用的發揮。

（3）規範和限制關聯方交易。對上市公司，尤其是摘帽脫困公司與其控股股東的關聯方交易進行限制與規範，可考慮通過歧視性稅賦政策、額外設置披露規則、發揮新聞媒體的監督力量、提高產品市場競爭程度等方式，限制和規範關聯交易，遏制控股股東對上市公司的掏空。

（4）完善公司治理。進一步完善公司治理結構，提升獨立董事比例，建立高管薪酬及高管持股的約束機制，使高管的權、責、利相結合，發揮其在業績提升中的有效作用。

6.3　主要貢獻

第一，學術價值：

（1）基於不同的脫困途徑和重組策略，對脫困公司的市場業績和經營業績進行分類別評判，確定不同重組方式與脫困公司業績之間的關係，為困境公司脫困的行為選擇提供思路。

（2）基於盈利、風險、增長角度進行脫困公司長期經營業績衡量的指標設計，克服以往主要關注盈利指標的不足，全面反應脫困公司的長期績效。

（3）針對財務困境公司脫困之後的業績水平提升進行實證分析，為公司脫困之後的業績優化與提升提供實證借鑑結果。

第二，實踐意義：

（1）為財務困境公司及其控股股東的戰略行為選擇提供決策支持。

（2）為其他投資者、債權人等利益相關者的投資決策提供幫助。

（3）為政府監管提供政策支持。

附　錄

附錄 1　ST 寶石的重組選擇及脫困之路：從 ST 寶石到東旭光電

　　財務困境是每一個企業在經營過程中可能會遇到的問題，也是財務學研究的熱點問題。在世界各國，每年都有大量的企業，包括一些名店、老店，由於各種原因而陷入財務困境，甚至破產。到底是什麼原因引發了財務困境？企業陷入困境之後應採取哪些措施和行為才能盡快擺脫困境並恢復正常經營？這是當前激烈市場競爭中每個企業都迫切關注的問題。作為河北省上市公司之一的石家莊寶石電子有限公司就曾兩次陷入財務困境，而後又成功脫困。我們針對寶石公司的脫困恢復進行調研後發現，寶石公司成功脫困的根本性原因是其成功的重組選擇。

一、寶石電子的 ST 之路

　　寶石電子的全稱為石家莊寶石電子玻璃股份有限公司，成立於 1992 年 12 月 26 日，是經河北省體改委批准，由石家莊顯像管總廠（現寶石電子集團公司）、中國電子進出口總公司、中化河北進出口公司發起，以定向募集方式成立的股份有限公司。其中石家莊顯像管總廠將其擁有的黑白玻殼廠及黑白顯像管廠經評估及市國資局確認之後的淨資產投資於寶石股份公司，折為其在寶石股份公司中的股份，其他股東則以現金投入。上市之前，寶石電子主要經營範圍為製造及銷售黑白電視機顯像管玻殼、黑白電視機顯像管。1996 年 6 月至 9 月，寶石 A、B 股在深圳證券交易所相繼上市。在其招股說明書中，寶石電子稱「隨著國內生活水平在過去十年日趨提高，中國家庭對彩電的需求呈現顯著增長，而農村用戶對黑白電視的需求仍然殷切。本公司為鞏固市場佔有率及

保持在電子玻璃行業的競爭優勢，正透過寶石彩殼公司建立一條全新的彩色玻殼生產線」，即寶石公司戰略的定位包括保持原有黑白電視機顯像管及玻殼的業務和拓展彩色玻殼生產的業務。但是，在戰略未能全部實施到位的情況下，由於國內黑白電視機市場迅速萎縮，寶石產品售價大幅下降，甚至低於生產成本，1997 年度出現了嚴重虧損，黑白顯像管及黑白玻殼生產線被迫停產。1998 年 4 月 30 日，寶石電子發出公告，宣布自 5 月 4 日起被執行特別處理 ST，寶石 A 變身 ST 寶石 A，寶石 B 變身 ST 寶石 B。寶石電子第一次陷入困境。不過，本次困境發生之前，寶石電子已制定了業務拓展戰略並開始實施。因此，僅用了一年多時間，2009 年度寶石電子實現盈利，每股收益 0.096,9 元，每股淨資產 1.13 元。根據深交所《股票上市規則》的相關規定，2000 年 4 月 27 日起寶石 A、B 股均被撤銷特別處理恢復正常。

2007 年 4 月 10 日，寶石電子再次發布公告，宣布自 4 月 11 日起被深交所實施退市風險警示特別處理，原因是 2005 年度和 2006 年度公司連續兩年的審計結果顯示淨利潤均為負值。實施退市風險警示特別處理後，原「寶石 A、寶石 B」變為「＊ST 寶石 A、＊ST 寶石 B」。寶石電子再次陷入財務困境。我們就寶石電子 2000 年度至 2006 年度的財務狀況進行分析，發現寶石電子之所以再次陷入財務困境有其固有的原因。

如附圖 1-1 所示：

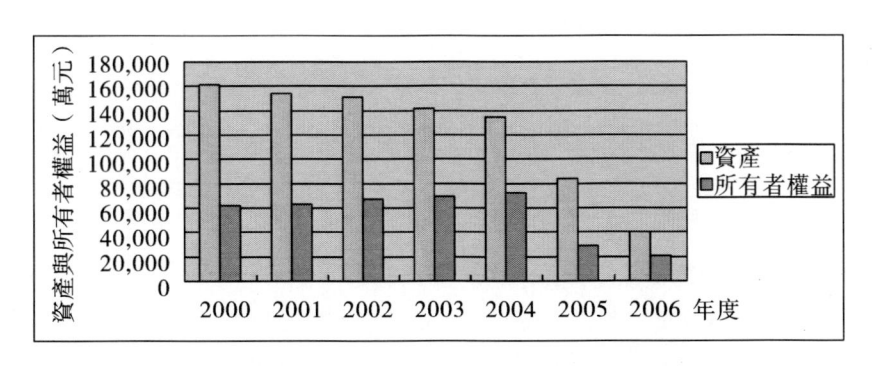

附圖 1-1　寶石電子 2000—2006 年度資產與所有者權益情況

由附圖 1-1 可知，寶石電子自 2000 年摘帽之後資產總額一直處於減少趨勢，所有者權益金額也相應縮減。自 2000 至 2006 年，寶石電子公司資產總額由 161,689.8 萬元降至 40,281.23 萬元，所有者權益額由 62,500.74 降至 20,941.22，兩者下降幅度分別高達 75.1% 和 66.5%。資產減少的原因是繼

黑白電視顯像管萎縮之後，由於平板電視、液晶電視的出現，傳統彩色顯像管的銷量大受影響，寶石電子的生產線不斷處於縮減狀態，導致資產規模下降。而接連的營業收入及利潤下降導致了所有者權益縮水。（見附圖1-2、附圖1-3）

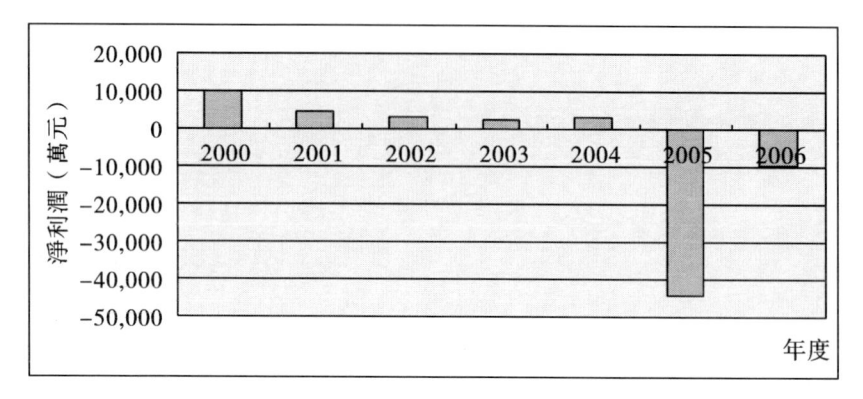

附圖1-2　寶石電子2000—2006年度淨利潤情況

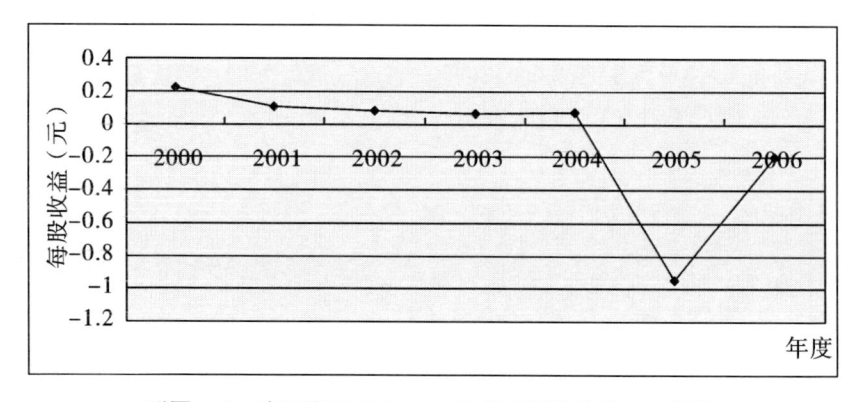

附圖1-3　寶石電子2000—2006年度每股收益EPS情況

除了受行業發展及市場變動等宏觀因素的影響，寶石電子自上市以來一直未能設立公司戰略、審計、薪酬考核等負責專門事項的董事會專門委員會。公司法人治理結構不健全。另外，公司機構與人員不獨立，辦公室、生產計劃部、企管部、審計部的主管領導在集團公司重復任職，玻管二期生產線的工人從集團雇傭，工人勞動關係均在集團，公司向集團支付人工費。且公司與集團存在同業競爭，與控股股東關係理順不清。這些因素導致寶石電子的財務風險及管理狀況在困境前出現較大異常。見附圖1-4、附表1-1及附圖1-5。

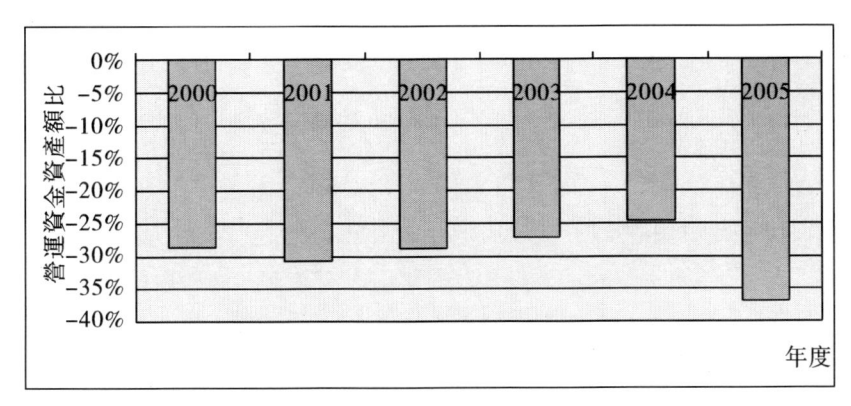

附圖 1-4　寶石電子 2000—2005 年度營運資金資產比

附表 1-1　　　　寶石電子 2000—2005 年度資產負債率

年度	2000	2001	2002	2003	2004	2005
資產負債率	61.35%	58.72%	55.52%	50.75%	45.78%	65.91%

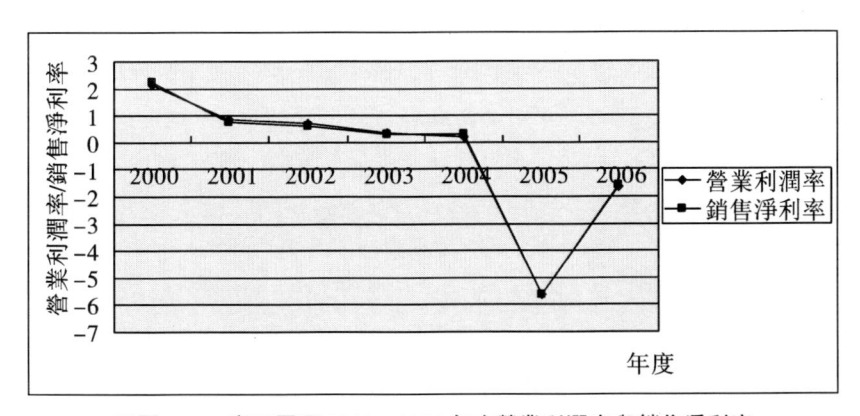

附圖 1-5　寶石電子 2000—2006 年度營業利潤率與銷售淨利率

由以上圖表可見，自 2000 年第一次摘帽恢復之後，寶石的營運資金資產比一直處於低水平狀態，至 2005 年度即第二次陷入財務困境之前，寶石電子的營運資金資產比為-36.88%，營運資金水平為負，且資產負債率在 2005 年末高達 65.91%，財務風險較高；而且，營業利潤率、銷售淨利率自 2001—2005 年一直處於下降趨勢，儘管 2006 年度有所上升，但依然低於 0，管理效率較低，以收入獲取利潤的能力較低。

二、ST 寶石的重組選擇及脫困之路

2007 年陷入財務困境之前，寶石電子作為國內陰極射線管顯示器行業龍

頭企業之一，其核心業務為 CRT 顯示器，屬於傳統的顯示技術。CRT 可分為顯像管（CPT）和顯示管（CDT），前者主要應用於電視機，後者主要應用於計算機顯示器。從技術角度來講，CRT 技術已經發展到了一個非常成熟的階段，它在圖像清晰度、亮度、對比度、壽命等方面已經達到極其完善的程度，2003 年以前，CRT 顯示器是市場上的主流產品，2003 年以後，液晶顯示器（LCD）開始占領顯示器的市場份額。當時寶石已經意識到行業競爭變化情況，但依然低估了市場變化的速度。寶石認為，液晶等平板顯示器件要取代 CRT 市場將是很難的，且平板電視銷量要超過 CRT 電視還需要更長的時間。消費市場具有多元性，CRT 電視和平板電視都有自己的獨特市場，基本上會呈現平板電視占據高端，而 CRT 電視靠性價比優勢占據中低端的市場格局。正是因為未能及時調整公司業務重心，2005 年度寶石電子因市場份額減少導致營業收入由 2004 年的 11,293.22 萬元下降至 7,874.396 萬元，2006 年持續下滑至 6,031.28 萬元，相應的淨利潤也由 2004 年的盈利 3,177.058 萬元轉為 2005 年虧損 44,299.6 萬元，2006 年虧損 9,528.52 萬元，營業收入下降 46.59%，淨利潤下降 399.92%。公司於 2007 年被予以退市風險警示。

幸運的是，寶石電子很快便制定了脫困的戰略措施。早在 2005 年首度虧損之後，公司就意識到面臨引進新產品、新業務的重組問題，並將重組作為 2006 年度工作重點。但是，鑒於當時國內顯示器件行業的結構特徵，寶石重組要想徹底提高盈利能力，不能單純跟蹤其現有的成熟技術，除現有的 CRT、平板顯示技術之外，應該尋找更加具有獨特性的顯示技術，改善自身所處行業結構，從根本上改善盈利能力，這是寶石重組能否成功脫困的關鍵所在。

2006 年年底，寶石電子公布其資產重組方案。寶石以其控股子公司寶石彩殼所持有的「硝子公司」（石家莊寶石電氣硝子玻璃有限公司）49%股權及彩殼對硝子公司 30,481,192.19 元的債權抵償其應付寶石集團 369,902,574.85 元的債務。寶石電子的重組選擇屬於典型的支持性重組，其控股股東寶石集團以債權置換寶石電子的劣質資產即「硝子公司」。寶石電子的報表顯示，其控股子公司彩殼公司持股 49%的「硝子公司」已成為寶石 A 的虧損源頭。2005 年度硝子公司虧損總額 8.36 億元，而 2005 年全年寶石電子 92.76%的虧損額來源於對硝子公司權益法核算造成的虧損。而且，在成功剝離硝子公司之前，根據審計機構出具的盈利預測報告，硝子公司 2007 年被預測虧損 1.56 億元左右。即該項支持性重組選擇如果未能果斷實施，則寶石電子的摘星脫帽之旅會路途漫長。

支持性重組對寶石電子具有雙重積極意義：一方面，由於抵償了所欠寶石

集團的巨額債務，公司資產負債率大幅降低，同時每年需支付的大額資金占用費減少。而尤為重要的是，本次重組是在資產保值的前提下對不良資產的剝離。硝子公司置出後，上市公司虧損大幅減少，2006 年度公司淨利潤儘管依然為負，但較之 2005 年度有了較大幅度提高。2007 年，寶石電子在資產剝離之後又進行了一系列股權轉讓，2007 年度公司成功扭虧為盈，實現淨利潤 1,033.9 萬元，扣除非經常性損益後淨利潤 918.93 萬元，每股淨資產 0.64 元。2008 年 4 月，寶石電子成功摘帽，財務困境得以解除。

三、從 ST 寶石到東旭光電

支持性重組是財務困境公司的控股股東以重組的方式對困境公司實行的一種利益輸送，可以通過困境公司的兼併收購、債務重組、資產剝離、資產置換、非控製權轉移的股權轉讓等實現。寶石的重組選擇即屬於支持性重組中的資產置換，即通過債務抵償方式將其下屬硝子公司的股權置換給公司的控股股東，既減少了債務，又剝離了劣質資產。但是，通過支持性重組而脫困的公司其後續發展能力一般不足，脫困後的業績狀況不佳。寶石電子在摘帽之後也面臨同樣的情形。

附圖 1-6、附圖 1-7、附圖 1-8 分別從不同角度顯示了寶石電子公司脫困後的業績狀況。因為財務困境公司一般在每年公布上年度財務報告之後宣告摘帽，故摘帽當年，實際時間為摘帽時間點的前 1 年，即附圖 1-9 中的第 0 年，公司依據第 0 年的年報而摘帽，故稱之為「摘帽當年」。即寶石電子在 2008 年 4 月依據 2007 年度報表數據而摘帽脫困，則 2007 年年報數據為其摘帽當年，2008 年為摘帽脫困後第 1 年，2009 年為摘帽脫困後第 2 年，以此類推。

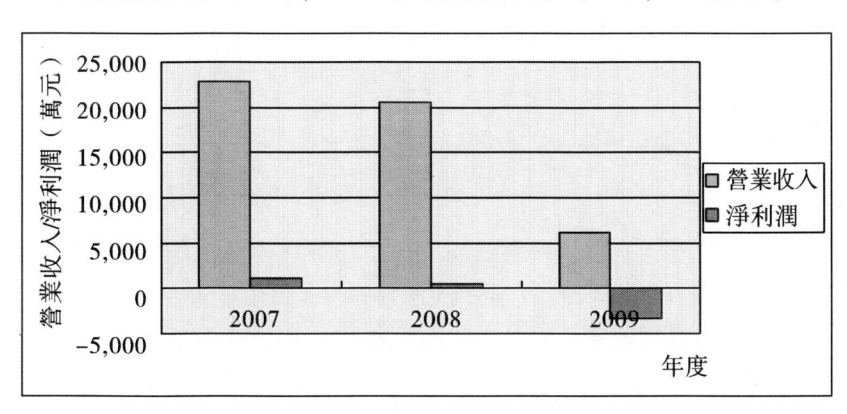

附圖 1-6　寶石電子脫困當年及脫困後第 1、第 2 年營業收入與淨利潤

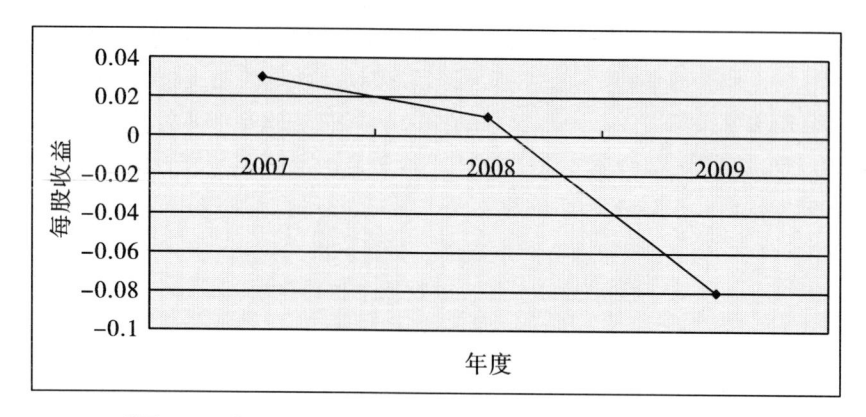

附圖 1-7　寶石電子脫困當年及脫困後第 1、第 2 年的每股收益

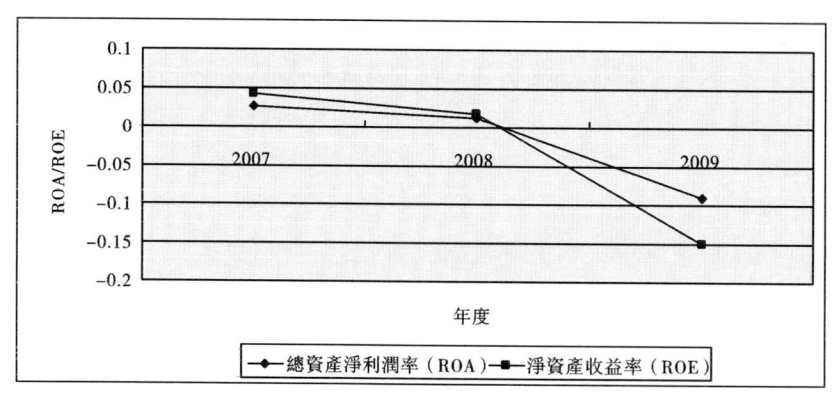

附圖 1-8　寶石電子脫困當年及脫困後第 1、第 2 年的 ROA 與 ROE

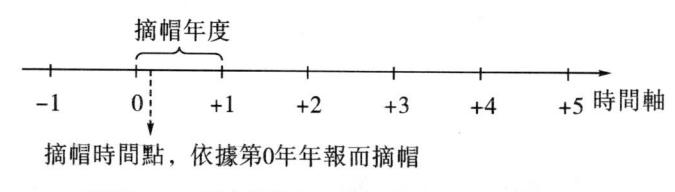

附圖 1-9　財務困境公司摘帽前後各年度時間排列

寶石電子公司在財務困境脫困當年淨利潤為正，每股收益、總資產收益率、淨資產收益率均為正數，重組後的業績改善明顯。第 2 年，各指標情況開始下滑但依然保持正數，第 3 年，經營業績明顯惡化，淨利潤為−3,278.33 萬元，每股收益為−0.08 元/股，總資產淨利率與淨資產收益率也為負值。大股東支持下的重組選擇使得寶石電子短期摘帽，但摘帽之後未能從根本上改善其盈利水平，後續發展能力不足。

自 2009 年年底開始，寶石啓動恢復之後的又一輪重組。如果說之前的支持性重組僅僅為寶石摘帽做出緊急性支援，本次重組則屬於寶石的戰略重組，它與寶石電子的戰略轉移相配合，使公司從根本上扭轉虧損並提升其業績水平。寶石的重組步驟包括：第一步，大股東寶石集團的大股東石家莊國資委收購其他三家資產管理公司的股權，完成對寶石集團 100%的控股；第二步，引進戰略投資者對寶石集團進行增資；第三步，寶石集團減持上市公司股份，使持股比例降低到 30%的要約收購線之下，為收購掃清障礙；第四步，轉讓國有股引入民營股份，實施控製權轉移的重組策略。

上述重組步驟的時間安排為：

2009 年年底，石家莊市國資委與寶石集團的三家股東中國長城資產管理公司、中國東方資產管理公司和中國華融資產管理公司簽訂股權置換協議，石家莊市國資委分別受讓三家資產管理公司所持寶石集團 48.3%、27.45%和 6.51%股份（合計 82.26%股份），並以石家莊市財政局持有的 9,000 萬股石家莊市商業銀行股份、石家莊市建設投資集團持有的 5,000 萬股石家莊市商業銀行股份以及寶石集團持有的 3,000 萬股寶石 A 股份作為對價。

2010 年 6 月，按照石家莊市國資委與河北東旭投資集團簽訂的增資協議，河北東旭以其擁有的石家莊旭新光電限公司的 50%股權對寶石集團增資，寶石集團註冊資本增至 8.5 億元，河北東旭占 47.06%，石家莊市國資委占 52.94%。

自 2010 年 11 月 3 日起，寶石集團通過二級市場及大宗交易對寶石電子進行連續性的密集減持，在 12 月 14 日再度減持 300 萬股後，寶石集團對寶石電子 A 的持股已從 2010 年 9 月底的 14,908.55 萬股降至 11,318.95 萬股，持股比例降至 29.55%，在要約收購線以下。

2011 年年初，石家莊市國資委計劃對寶石集團進一步實施資產重組，擬通過產權交易市場公開掛牌轉讓所持有的寶石集團全部或部分國有股權。2011 年 7 月 27 日，寶石電子公司發布公告稱，由於石家莊市國資委計劃轉讓寶石集團 22.94%的國有股權，石家莊寶石電子集團有限責任公司國有股權公開掛牌徵集受讓方的事項存在重大不確定性，申請停牌，待相關事項明確後復牌。

2011 年 8 月 2 日，石家莊市國資委與東旭集團簽署國有股權轉讓合同。此前，東旭集團持有寶石集團 47.06%的股份。上述股權轉讓完成後，石家莊市國資委持有寶石集團 30%的股權，東旭集團持有寶石集團 70%股權，寶石集團第一大股東由國資局變為東旭集團。相應的，寶石電子上市公司也成為東旭集團的間接控股子公司，寶石電子上市公司的股權性質由國有屬性變更為私營屬性。

東旭入主寶石電子之後進行了一系列產業調整和資源整合。首先，寶石電子的子公司蕪湖寶石引進首條六代線引板，並計劃以此為基礎引進第二條六代線且於 2013 年年底建成使用整個十條六代線。增發十大股東包括中金公司，中金公司為「國家隊」，極少參與上市公司增發，能得到中金公司的支持，該公司未來發展前景非常可觀。目前僅比增發價高不到 20%，預計到 2014 年 4 月增發解禁時，參與增發的股東獲利將翻番甚至更多，股價預計至少達到 25 元。其次，大股東承諾東旭集團寶石上市公司不進行同業競爭，後續將會整合全國各地相關玻璃基板優質資產注入寶石股份。同時，東旭集團的 LED 產品線也將考慮裝入上市公司寶石。

　　2013 年 12 月 26 日，寶石電子公司發布公告稱，其全資子公司蕪湖東旭六代線 TFT-LCD 液晶玻璃基板產品認證進展順利，小批量認證已在大陸及臺灣客戶中完成，中批量認證正在進行，產品有望在 2014 年年初批量銷售。

　　2013 年 12 月 27 日，寶石電子公司發布 2013 年第六次臨時股東大會決議。大會審議通過了《關於公司更名及修訂公司章程相關內容、授權公司董事會辦理相關變更事項的議案》《關於為旭飛光電公司融資還款提供擔保並收取擔保費用的議案》《關於為旭虹光電公司融資還款提供擔保並收取擔保費用的議案》《關於修改〈公司章程〉的議案》等 4 項議案。這些議案均以高票通過。2014 年 1 月 2 日，寶石電子公司發布公告稱，公司證券簡稱自 2014 年 1 月 3 日起發生變更，變更後的 A 股證券簡稱為「東旭光電 A」、B 股簡稱為「東旭 B」，公司證券代碼 000413、200413 保持不變。自此，石家莊寶石電子玻璃股份有限公司正式變更為東旭光電科技股份有限公司。

四、東旭光電的發展建議

　　寶石摘帽脫困之後一系列的重組活動真正改善了其盈利能力和業績水平。自 2010 年開始，寶石電子的業績水平顯著提升。由附圖 1-10 至附圖 1-13 可見，戰略重組之後，由於產業結構調整和新的生產線的跟進，寶石電子的資產規模和所有者權益規模均有較大提升。資產總額由 2009 年年底的 36,415.96 萬元上升至 2012 年年底的 206,170.8 萬元，所有者權益總額由 2009 年年底的 23,224.98 萬元上升至 2012 年年底的 50,334.37 萬元。淨利潤和每股收益更是從負轉為正數並且顯著提升，淨利潤從 2009 年的虧損 3,278.33 萬元升至 2012 年度的盈利 24,102.81，每股收益從 -0.08 元/股上升至 0.37 元/股。

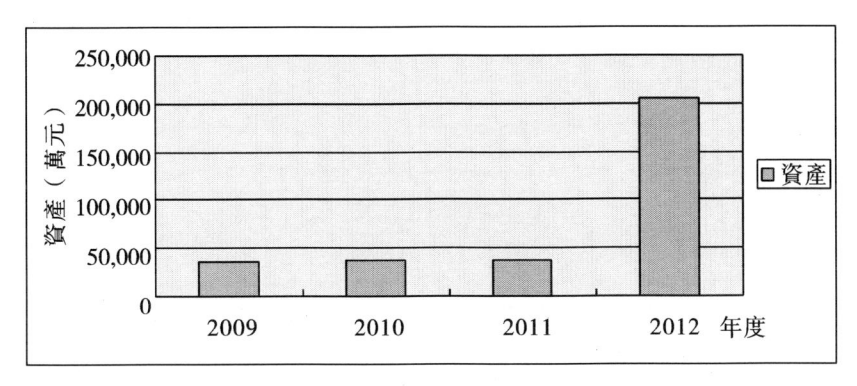

附圖 1-10　寶石電子戰略重組後的資產狀況

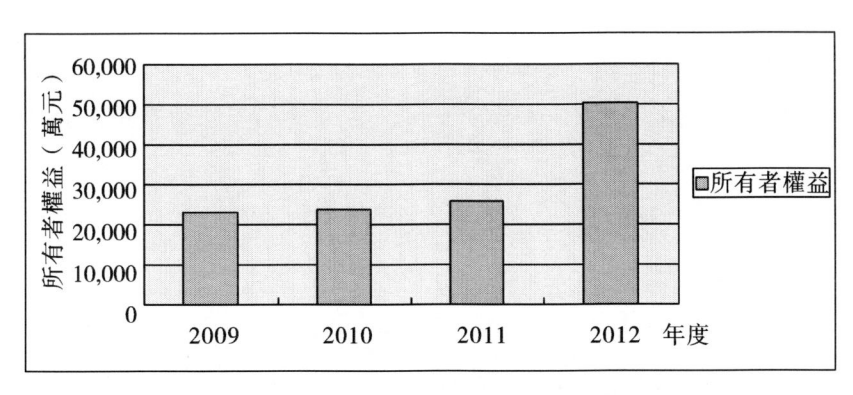

附圖 1-11　寶石電子戰略重組後的所有者權益狀況

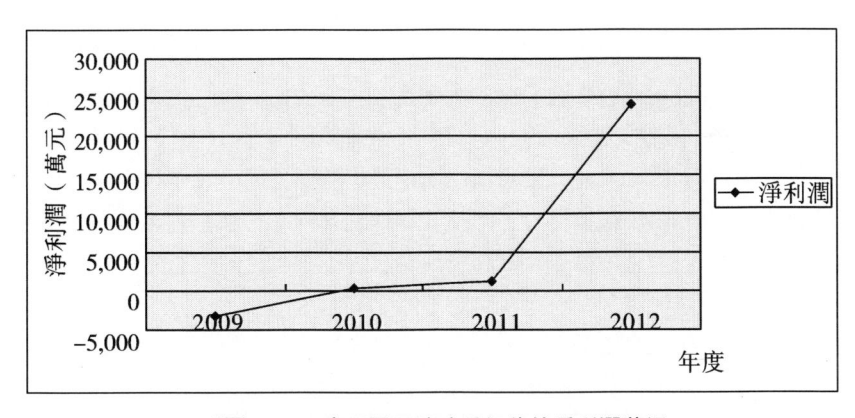

附圖 1-12　寶石電子戰略重組後的淨利潤狀況

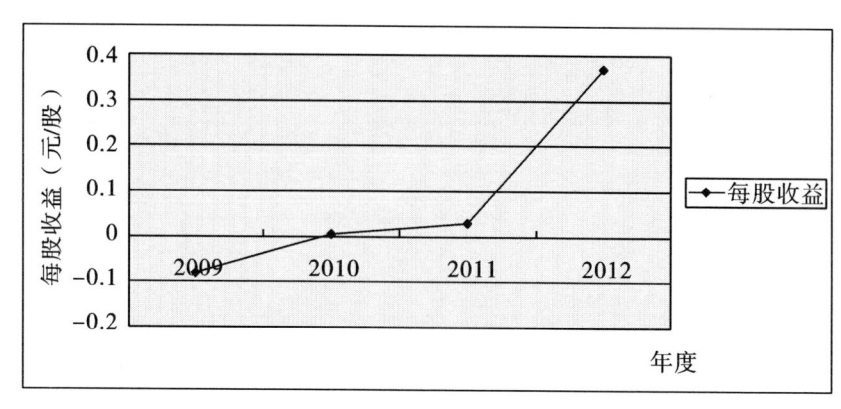

附圖 1-13　寶石電子戰略重組後的 EPS 狀況

脫困之後的戰略重組對寶石電子公司的業績提升注入了活力。隨著 2014 年度東旭光電的成功更名，其股票市場表現奇佳。2014 年福布斯發布中國最具發展潛力上市公司名單，東旭光電位列 100 強之內。但是，東旭光電重組後仍存在許多問題，需要在發展中加以關注。

（一）繼續加強併購重組後的整合工作

從表面看，寶石更名東旭電光。從實質看，東旭光電以買殼方式取代寶石電子。買殼上市是一種低成本、易成功、便捷的上市方式。併購公司通過收購上市公司（殼公司），再以反向兼併的方式注入收購企業自身的有關業務及資產，以達到間接上市的目的。與原始上市相比買殼上市不必通過漫長的審批、登記，上市費用也低。在中國現行的製度下，上市公司相對於非上市公司來說具有多方面的經營發展優勢，但上市資格卻非常稀缺。實踐證明，買殼上市一直是上市公司資產重組的主旋律和股票市場炒作的熱門題材，然而由於買殼上市的公司規避了發行監管，許多本應被修正過來的問題進入上市公司，有些併購重組中的原資產都成為重組後企業的拖累，跨行業的整合也並非易事，因此有的買殼上市的公司不得已又相互剝離。因此，要想後續繼續健康發展，東旭光電必須注意加強重組後的戰略整合、銷售渠道整合、組織和管理整合，深化原有企業文化的整合、管理團隊整合、人力資源整合及財務資產整合等。重組後的東旭光電要盡快實現整合效應，發揮規模優勢，整合現有的各種資源，充分利用整合後各方面的渠道，發揮其潛能，使重組後的上市公司優化產業結構、提高資本收益，提升核心資產質量，做大做強企業的核心業務，提高整體市場競爭力。

（二）避免股票市場價格的大幅度波動

東旭光電接手寶石之後的核心業務支撐是玻璃基板製造。玻璃基板作為液晶面板的關鍵基礎材料，在全球範圍內，一直由康寧、電氣硝子、旭硝子等廠商占據主要的市場份額。然而，不斷釋放的市場空間也吸引了許多廠商進入這個領

域。但是，一面是巨大的市場份額在不斷釋放，一面是國產化率不足受制於人，在玻璃基板行業中，如何解決這個矛盾一直是從業者探討的重要話題，誰能更快突破產能的瓶頸，誰就能更快地占領更多的市場份額，東旭光電的募投項目，也因此飽受關注。

2013年年底，東旭光電再度發布公告，稱其全資子公司蕪湖東旭光電科技有限公司所生產6代線TFT-LCD液晶玻璃基板在臺灣市場認證順利，實現突破，近日已獲客戶訂單。隨著產線的不斷投產，公司主營業務進入高速發展時期，行業地位優勢日益凸顯。日前，東旭光電業績快報顯示，由於公司玻璃基板裝備及技術服務業務大幅拓展，導致2013年營業總收入、營業利潤、利潤總額、歸屬於上市公司股東的淨利潤、基本每股收益及每股淨資產均有較大幅度提高。2013年公司歸屬於上市公司股東的淨利潤為3.69億元，同比增長158%。公司預計今年一季度歸屬於上市公司股東的淨利潤為1.9億至2.1億元，同比增長207%～239%，這意味著2014年一季度東旭光電盈利已經超過去年寶石電子全年盈利的一半。而在最近八個月的時間裡，東旭光電股價累計漲幅達到57%。這是東旭業績釋放的市場信號。然而，高速增長的背後可能面臨的就是下跌，一旦公司市場、技術、生產某一個環節出現問題，有可能導致股票價格大幅下跌。因此，東旭光電應保持持續增長而非暴增，培養公司核心競爭力，逐漸培育公司的核心價值體系，使得股東財富穩步增長，避免股票價格大幅波動造成的股東財富損失。

（三）謹慎增資擴股和引入新股東

2014年年初，據東旭光電大股東東旭集團內部傳出消息，稱不日將與中國信達資產管理股份有限公司北京分公司達成戰略合作協議。雙方將在裝備製造、新產品研發、高科技產品生產、新型產業投資和新能源開發等多個領域開展合作。根據協議，信達資產將通過戰略性或財務性投資等方式，為東旭集團的優質項目提供直接投資服務等。信達資產旗下的證券公司將為東旭集團在境內外資本市場發行上市、發行各類債券以及增發融資提供優質、優惠的金融服務。信達旗下的保險公司將為東旭集團及其下屬企業提供各類保險業務，並積極運用保險資金參與東旭集團的項目建設。由於東旭集團持有東旭光電14.4%的股權，為公司第一大控股股東。信達資產管理公司的融資支持無疑為東旭光電的資金提供了間接性支持力度。同時，公司稱，會考慮增資擴股，增加與多家資產管理公司的投資合作。但是，增資擴股會帶來許多新的問題。東旭的增資過快是否會引致過度擴張，新股東的介入是否會使公司的股權結構發生變動從而引發公司治理問題。這些都是東旭光電應認真考慮的問題。

附錄 2　寶碩股份的重組脫困之路

隨著經濟的不斷發展，上市公司的規模逐漸擴大，市場競爭日益激烈。然而一些公司不堪壓力的重擔，出現資產負債率高、債務結構不合理等現象，以致企業的資金週轉緩慢，盈利能力變低，從而出現資金供應不足、難以償還債務的嚴重後果。越來越多的公司陷入財務困境之後選擇通過債務重組來減輕債務，從而實現扭虧為盈。河北寶碩股份有限公司就是利用債務重組的方式實現扭虧為盈。

一、公司簡介

河北寶碩股份有限公司（以下簡稱「寶碩股份」），是經河北省人民政府股份制領導小組辦公室批准，由原河北保塑集團有限公司（後更名為河北寶碩集團有限公司，以下簡稱「寶碩集團」）獨家發起，以募集方式設立的股份有限公司。1998 年 6 月 29 日，經中國證券監督管理委員會批准，向社會公開發行每股面值 1.00 元的人民幣普通股 5,000 萬股（其中向社會公開發行 4,500 萬股，向職工配售 500 萬股，每股發行價 5.00 元），總股本為 20,000 萬股。經上海證券交易所批准，1998 年 9 月 18 日，寶碩股份在上海證券交易所掛牌交易，證券代碼 600155。

寶碩股份主要從事塑料製品加工，同時生產經營部分基礎化工產品，其主要經營範圍包括：聚氯乙烯塑料板、聚乙烯塑料硬管等；塑料制管子接頭、塑料制管子肘管等；聚乙烯塑料條、棒、型材，其他塑料條、棒、型材；塑鋼門、塑鋼窗、鋁型材的生產、銷售及門窗的安裝。同時，經營自產產品和技術的出口業務和所需的原輔材料、機械設備、零配件及技術的進口業務（國家限定其經營和禁止進出口的商品和技術除外）。

寶碩股份上市之初總股本為 20,000 萬股。其中，第一大股東寶碩集團持股數量 15,000 萬股（國家股），占股本總額的 75.00%。2001 年，寶碩集團協議轉讓其所有寶碩股份國家股 3,220 萬股給浙江傳化集團有限公司。轉讓後，寶碩集團持股比例為 63.10%，為第一大股東；浙江傳化集團有限公司持股比例為 7.81%，為第二大股東。2005 年 8 月 30 日，寶碩集團所持有寶碩股份國家股 3,875.40 萬股，按每股 2.232 元折價抵償所欠中國信達資產管理公司石家莊辦事處 86,498,988.79 元的債務。寶碩集團持有寶碩股份國家股由 26,030 萬股減至 3,875.40 萬股，持股比例由 63.10%減至 53.71%，中國信達資產管理公司持有寶

碩股份3,875.40萬股（占比9.39%），成為寶碩股份第二大股東，股權性質為國家股。2006年，寶碩集團以其所持有的寶碩股份分別抵償所欠中潤經濟發展有限責任公司和金華雅苑房地產有限公司等的債務。截至2006年12月31日，寶碩集團持有寶碩股份150,683,512股，持股比例為36.53%，為第一大股東。2007年，因債務糾紛和司法劃轉，寶碩集團所持有寶碩股份減至148,499,749股，持股比例36.00%，為第一大股東。2008年，因不能清償到期債務，寶碩股份進行破產重組。2008年2月25日，河北大眾拍賣有限責任公司受寶碩集團破產管理人委託依法對寶碩集團持有的寶碩股份45,130,937股股權進行拍賣，新希望化工投資有限公司競買了上述股權。為執行寶碩股份的重整計劃，保定市中級人民法院裁定將河北寶碩集團有限公司讓渡的78,000,000股股權劃轉至新希望化工投資有限公司名下，新希望化工投資有限公司持有的寶碩股份限售流通股股份123,130,937股，成為其第一大股東，占比29.85%；寶碩股份（破產企業財產處置專戶）持股數26,857,146股，占比6.51%，為第二大股東；寶碩集團持股數25,368,812股，占比6.15%，為第三大股東。2014年12月31日，寶碩股份的股份總數為476,602,564，其中，新希望化工投資有限公司持股總數為187,233,501股，持股比例為39.29%，仍為第一大股東。

二、寶碩股份陷入財務困境歷程及原因

河北寶碩股份有限公司2005年度存在帳外核算的會計事項及交易，存在虛增收入、成本、資產、負債的情況，2006年度按照規定追溯調整期初金額，主要調整事項為：

第一，影響淨資產變動的重大會計差錯更正。

（1）長期投資會計差錯更正追溯調整年初數。減少長期投資2,895,611.06元，減少年初未分配利潤2,895,611.06元，其中：調增2005年度投資收益5,608,029.68元，調減2005年度年初未分配利潤8,503,640.74元。上述調整中：長期投資—保定富太塑料包裝材料有限公司調減14,527,605.07元，調減2005年度年初未分配利潤8,503,640.74元，調減2005年度投資收益6,023,964.33元；長期投資—寶碩新型塑料包裝材料（珠海保稅區）有限公司調減8,005.99元，調減2005年度投資收益8,005.99元；長期投資—寶碩新型建材（珠海保稅區）有限公司調整長期投資減值準備，調增2005年投資收益11,640,000.00元，調減長期投資減值準備11,640,000.00元。

（2）補提2005年度壞帳準備15,561,284.91元；以前年度利息收入未及時入帳調增年初未分配利潤10,772,661.51元。其中：調增2005年度淨利潤

1,997,550.80元，調增2005年度年初未分配利潤8,775,110.71；調整以前年度應負擔的保理費用，調增少數股東權益8,218,066.13元，調減年初未分配利潤8,218,066.14元，其中：調減2005年度年初未分配利潤2,529,049.46元，調減2005年度利潤5,689,016.68元。

（3）以前年度虛增收入、成本、資產更正調整年初數，調減年初未分配利潤512,399,490.20元。其中：調減2005年度利潤84,469,803.84元，調減2005年度年初未分配利潤427,929,686.36元，調減流動資產366,658,708.99元，調減固定資產136,199,899.79元、調減在建工程9,540,881.42元，其中：河北寶碩股份有限公司氯鹼分公司調減固定資產30,000,000.00元，保定寶源新型塑料包裝材料有限公司調減固定資產26,199,899.79元，調減在建工程9,540,881.42元，河北寶碩股份有限公司糖醇分公司調減固定資產20,000,000.00元，保定寶碩新型建築材料有限公司調減固定資產30,000,000.00元，河北寶碩股份有限公司綠源塑料分公司調減固定資產30,000,000.00元。

（4）以前年度未及時入帳的利息費用調整年初數，減少年初流動資產393,208,690.61元，減少年初未分配利潤393,208,690.61元，其中：調減2005年度淨利潤231,921,041.26元，調減2005年度年初未分配利潤161,287,649.35元。

（5）納入合併範圍的分子公司會計差錯更正，使年初資產總額減少14,050,299.14元，少數股東權益減少2,758,927.98元，2005年度淨利潤減少7,374,970.55元，2005年度年初未分配利潤減少3,916,400.61元。其中：①保定寶碩新型建築材料有限公司調整以前年度少結轉的成本，減少存貨17,602,788.43元，減少2005年度年初未分配利潤12,345,547.18元，減少2005年度利潤5,257,241.25元；調整以前年度虛增固定資產而多折舊，減少累計折舊5,108,668.73元，增加2005年度年初未分配利潤2,965,811.59元，增加2005年度利潤2,142,857.14元。②天津寶碩門窗發展有限公司調整短期貸款利息資本化，減少在建工程3,551,996.25元，減少2005年度利潤3,551,996.25元；③保定寶源新型塑料包裝材料有限公司調整以前年度虛增固定資產而多提的折舊，減少累計折舊1,458,407.77元，增加2005年度淨利潤1,458,407.77元。④河北寶碩股份有限公司氯鹼分公司調整以前年度虛增固定資產而多提折舊，減少累計折舊13,840,000.00元，增加2005年度年初未分配利潤9,090,000.00元，增加2005年度淨利潤4,750,000.00元；調整長期待攤費用，減少2005年度淨利潤9,601,515.49元，減少長期待攤費用

9,601,515.49元。⑤河北寶碩股份有限公司綠源塑料分公司調整以前年度虛增固定資產而多提的折舊，減少累計折舊8,787,500.00元，增加2005年度年初未分配利潤5,937,500.00元，增加2005年度淨利潤2,850,000.00元。⑥河北寶碩股份有限公司糖醇分公司會計差錯調減年初未分配利潤12,488,575.47元，其中，調減2005年度淨利潤579,476.55元，調減2005年度年初未分配利潤11,909,098.92元，其中：調整以前年度少計成本調減存貨14,083,351.14元，調整以前年度多提的減值準備調增固定資產328,640.43元，調整以前年度虛增固定資產多提的折舊，調減累計折舊1,266,135.24元。

第二，不影響淨資產變動的重大會計差錯更正。以前年度其它會計差錯調整期初數，調增資產1,890,144,651.12元，調增負債1,890,144,651.12元；以前年度會計差錯調整調減盈餘公積74,067,168.41元，其中調減2005年度盈餘公積7,920,364.44元，調減2005年度期初盈餘公積66,146,803.97元，相應調增年初未分配利潤74,067,168.41元。

第三，合併報表範圍變動更正。子公司佳木斯寶碩塑料有限公司、天津寶絡五金製造有限公司、保定寶碩水泥有限公司本期納入合併報表範圍調整期初數，調增資產58,799,697.25元，調增負債57,117,564.80元，調增少數股東權益1,682,132.45元。

以上會計差錯更正使期初資產增加1,017,817,936.87元，期初負債增加1,947,262,215.92元，期初少數股東權益增加7,141,270.60元，期初淨資產減少936,585,549.65元，其中2005年度年初淨資產減少596,844,952.79元，2005年度淨資產339,740,596.86元。

2006年公司主營業務收入1,061,326,739.55元，淨利潤-1,662,036,813.71元。公司產生巨額虧損的主要原因有：一是公司對以前年度財務會計報告進行了會計差錯更正；二是公司對應收帳款和對外擔保引起的或有負債計提壞帳損失；三是報告期內公司銀行貸款已基本逾期，銀行按相關規定增加了逾期貸款利息，該部分利息直接加大了公司當期財務費用；四是由於受到以往年度大股東資金占用的影響，導致公司流動資金短缺；五是塑料製品加工行業的經營環境較差、惡性競爭的局面未能得到根本改善，原油價格大幅上漲，主要原材料價格居高不下，致使公司塑料產品盈利能力下降。

寶碩股份在2007年2月15日發表公告稱，2007年1月22日，公司的債權人保定天威保變電氣股份有限公司向保定市中級人民法院提出申請寶碩股份破產還債，2007年1月25日，保定市中級人民法院依法受理債權人申請公司破產一案，進入破產程序，根據《上海證券交易所股票上市規則》第13.2.1

(六)條規定(未在規定期限內披露 2006 年第三季度報告),自 2007 年 2 月 16 日公司股票被實施退市風險警示的特別處理。實行退市風險警示後,「寶碩股份」股票簡稱變為 *ST 寶碩。

寶碩股份陷入財務困境的原因主要有以下幾個方面:

(1) 大股東寶碩集團的資金占用是導致寶碩股份資金鏈斷裂的直接原因。公司公告顯示,自 2001 年以來,寶碩股份及其分、子公司被大股東河北寶碩集團有限公司占用資金 437,301,569.46 元。截止到 2006 年 9 月,大股東占用資金問題反應在流動資產中的其他應收款科目總金額 16 億元。隨著清欠工作的進展,截止到 2006 年 12 月底,大股東及其附屬企業非經營性占用寶碩股份資金已經償還了許多,但是占用數額仍有 10 億元左右。

自 1998 年寶碩股份上市後的近八年的時間,其控股股東寶碩集團主體基本喪失了再盈利能力,其主要受益來源為其控股的寶碩股份派發分紅。由於寶碩集團營運受到市場規律和地方政府雙重影響,其先後兼併了 11 家國有困難企業,在兼併過程中主要採取承擔其債務的方式,因此接收了大量不良貸款,後續負擔沉重。由此,寶碩集團逐步占用上市公司資金,其內容主要為貸款轉移、償還、貸款擔保、貸款利息和相關費用支付等。

(2) 公司負債比重過高。寶碩股份有限公司每年的投資額都很大,公司發行了兩次股票,所籌集的資金額還趕不上大股東所占用的資金總額,因此,公司只能靠向銀行貸款維持其對資金的需求,最終導致財務危機的發生。截止到 2006 年年底,寶碩股份流動負債為 36 億元,占負債總額的 90% 以上,資產負債率高達 160%。

對於寶碩股份來說,大股東寶碩集團占用的巨額資金致使公司的經營困難,每年巨額的利息支付使寶碩產生了巨大的財務壓力。寶碩股份過高的負債給企業帶來了一系列的不良影響,既增加了財務風險,又降低了企業的安全性和競爭能力,危及企業的生存與發展。並且,公司固定資產投資占用短期貸款現象嚴重,截止到 2006 年年底,寶碩股份 18.2 億元的長期資產,長期借款僅有 1.79 億元,其餘資金基本由短期融資來彌補。短貸長用導致了寶碩股份資金鏈的斷裂。

(3) 公司監管不嚴。存在寶碩集團「一股獨大」的現象。寶碩股份的董事會在很大程度上掌握在內部人手中。這樣使得監事會沒有真正的職權,不能發揮其監督的有效性,監事會監督失靈使得寶碩股份由於擔保或者大股東以其他形式的占用資金而引起的財務危機日益增加。同時,公司內部控製製度不健全,缺乏相應的監管機制,也在一定程度上導致了寶碩股份的財務危機。

三、寶碩股份的脫困策略

由於面臨償付巨額債務和對外擔保的雙重壓力，寶碩股份於 2007 年 1 月 25 日進入破產程序，並以此為契機，推進債務重組工作，化解債務危機，避免了公司破產清算。同時公司不斷加強內部管理，努力籌措和合理安排營運資金，成功摘星脫帽。

2007 年 1 月，寶碩股份被保定市中級人民法院受理了債權人申請公司破產還債一案，公司進入破產程序。根據《中華人民共和國企業破產法》第二十條的規定，法院受理破產申請後，已經開始而尚未終結的有關債務人的民事訴訟或者仲裁應當中止；在管理人接管債務人的財產後，該訴訟或者仲裁繼續進行。根據《公司重整計劃草案》，截止到 2007 年 1 月 25 日寶碩股份已決訴訟或仲裁涉及的債權，由法院確認為普通債權，未決訴訟或仲裁以及 2007 年 1 月 25 日之後由法院受理的訴訟案件涉及的債權，確認為臨時普通債權，該部分債權已全部轉為負債，將按照公司重整計劃進行清償。同時，寶碩股份的控股股東寶碩集團於 2007 年 5 月 31 日被法院宣告破產。

2008 年 1 月 3 日，經寶碩股份申請，保定中院裁定其進入破產重整程序。2008 年 2 月 5 日，法院下達（2007）保破字第 014-4 號《民事裁定書》，批准公司的《重整計劃草案》，裁定終止公司破產重整程序。公司重整計劃處於執行階段，重整計劃的執行期為三年。

根據重整計劃，寶碩股份在對原有債務進行重組的同時，還將實施資產重組以獲新生。按照重整計劃確定的經營方案，寶碩股份股東讓渡的部分股份將由重組方有條件受讓，即重組方須承諾向寶碩股份注入資產，同時提供資金支持，並對寶碩股份依重整計劃所須償還的債務提供擔保，以保障寶碩股份能按期償還債務，保證公司具有持續經營能力。

寶碩股份的債務重組主要根據其破產重整計劃而確定。根據該重整計劃，寶碩股份優先債權組 145,762,770.80 元、稅款債權組 33,621,227.81 元、職工債權組 45,640,970.12 元以及部分普通債權（10 萬元以下部分）15,007,826.58 元均按 100% 比例清償。部分普通債權（10 萬元以上部分）計 4,782,509,170.24 元，以現金清償 13%，共計清償 621,726,192.13 元；該部分債權在債權人受讓流通股股東讓渡的股票後，未獲清償部分予以免除（法院批准寶碩股份重組計劃後，因臨時債權提起、債權人豁免債務等原因，清償方案的相關金額經實際調整後有所變化）。按照重整計劃安排，寶碩股份對出資人權益做出不同程度調整：全體股東持股數量在 1 萬股以下（含 1 萬股）部

分，讓渡比例為 10%；1 萬股以上 5 萬股以下部分，讓渡比例為 20%；5 萬股以上 300 萬股以下部分，讓渡比例為 30%；300 萬股以上 2,200 萬股以下部分，讓渡比例為 40%；2,200 萬股以上部分，讓渡比例為 75%。寶碩股份原股東讓渡的部分股份，將由重組方有條件地受讓，同時，重組方需對寶碩股份重組債務提供擔保，並向寶碩股份注入優質資產和提供資金支持，以提高上市公司持續盈利能力。

重整計劃的執行期限為三年，自法院裁定批准重整計劃草案之日起計算。在此期間內，寶碩股份要嚴格依照本方案制訂的債權受償方案向有關債權人清償債務，並隨時支付破產費用、共益債務。

優先債權組的債權 145,762,770.80 元在重整計劃草案獲法院裁定批准之日起三年內分六期清償完畢，每六個月清償六分之一；職工債權 45,640,970.12 元在重整計劃草案獲得法院裁定批准之日起六個月內清償完畢；稅款債權 33,621,227.81 元按國家有關規定在重整計劃執行期滿前清償完畢；普通債權人 10 萬元以下（含 10 萬元）部分的債權共計 15,007,826.58 元，將在重整計劃草案獲得法院裁定批准之日起六個月內一次性清償；超過 10 萬以上部分的債權，按照 13% 比例以現金清償部分為 621,726,192.13 元，在重整計劃草案獲得法院裁定批准之日起三年內分三期清償完畢，每年為一期，每期償還三分之一，即 207,242,064.04 元，具體支付時間為每一期期末。

2008 年 2 月 25 日，寶碩集團公開拍賣其持有的公司 45,130,937 股股權（占寶碩股份總股本 10.94%），新希望化工以 2,350 萬元的最高價競拍成功，接過 *ST 寶碩的重組大旗。2008 年 7 月 26 日，新希望化工接受寶碩集團讓渡的寶碩股份限售流通股 7,800 萬股。新希望化工持有寶碩股份達到 123,130,937 股，持股比例增至 29.85%，成為寶碩股份第一大股東。

2011 年 2 月 17 日，寶碩股份發表公告稱：根據河北寶碩股份有限公司《重整計劃草案》規定，公司應償還的破產重整債務為 983,593,591.47 元。在大股東新希望化工投資有限公司的無息借款支持下，公司已履行完畢部分重整債務的清償義務。截止到公告日，公司尚餘 684,993,754.52 元重整債務，主要系銀行債權人，公司正在與相關債權人協商清償方案，尚未簽署相關書面協議。由於公司破產重整債務已於 2011 年 2 月 5 日到期，為此，大股東新希望化工投資有限公司承諾「支持寶碩股份與相關債權人達成債務解決方案，包括以提供信用支持等方式，以期化解寶碩股份由於未能按期執行重整計劃可能面臨的破產清算的風險」。

2011 年 6 月 24 日，法院裁定如下：「①確認公司重整計劃執行完畢，按

照重整計劃減免的債務，債務人不再承擔清償責任；②公司破產管理人的監督職責依法終止；③因未依法申報債權而未列入重整計劃清償範圍的債權人，自本裁定生效之日起，可以按照重整計劃規定的同類債權的清償條件行使權利。」

根據《重整計劃》減免後的優先債權147,158,060.86元，普通債權625,806,948.53元，合計772,965,009.39元。上述優先債權和普通債權，截止到2011年6月24日，寶碩股份通過償還小額債權人、形成延期償還或打折償還等債務和解方案的債權人207家，涉及金額686,969,460.66元，新希望化工投資有限公司為此提供了擔保；有還款保證並由管理人協調處理的剩餘債權人11家，涉及金額85,995,548.73元。

寶碩股份於2011年完成債務重組。但由於公司經審計後的2012年年末淨資產為負，公司股票仍被實施退市風險警示，股票簡稱仍為「＊ST寶碩」。

2013年9月25日，＊ST寶碩發表公告稱：為改變公司目前資不抵債及主業缺失的局面，公司在與大股東新希望化工商討後，決定向大股東新希望化工非公開發行股份募資2億元。

2013年10月31日，寶碩股份成功競拍保定市國土資源局以掛牌方式出讓的9宗國有建設用地使用權，總價格11.074,8億元。11月1日，寶碩股份董事會發表公告，稱拍地方為該公司下屬全資子公司——保定寶碩置業房地產開發有限公司，以及寶碩置業下屬的兩家全資子公司——保定寶碩新鼎房地產開發有限公司及保定寶碩錦鴻房地產開發有限公司。（2013年10月31日《＊ST寶碩第三季度報告》顯示，上述寶碩置業兩公司因公司業務發展需要成立，兩公司註冊資本分別為500萬元，主要經營房地產開發。）公告同時表示：所拍得地塊原屬於公司工業用地，本次土地使用權競買主要是依據相關法律法規和政策，將公司自有土地盤活變性，以提高公司可持續發展能力。

2014年9月12日，證監會通過對公司非公開發行股票的申請。2014年12月12日，寶碩股份和中信建投證券股份有限公司向確定的發行對象新希望化工發出《繳款通知》。發行對象根據《繳款通知》要求向指定的本次發行繳款專用帳戶及時足額繳納了認股款。截至2014年12月15日，寶碩股份非公開發行普通股64,102,564股，募集資金總額為199,999,999.68元，扣除各項發行費用4,830,000.00元，實際募集資金淨額為195,169,999.68元。

本次發行後，寶碩股份的淨資產大幅度增加，資產負債率相應下降，資產質量得以提升，償債能力明顯改善，融資能力得以提高，資產結構趨於合理。

發行完成後，公司總資產增加至 1,922,507,172.65 元，增幅 11.30%，歸屬母公司淨資產增加至 205,774,980.10 元，增幅 1,840.36%。

如附圖 2-1 所示：

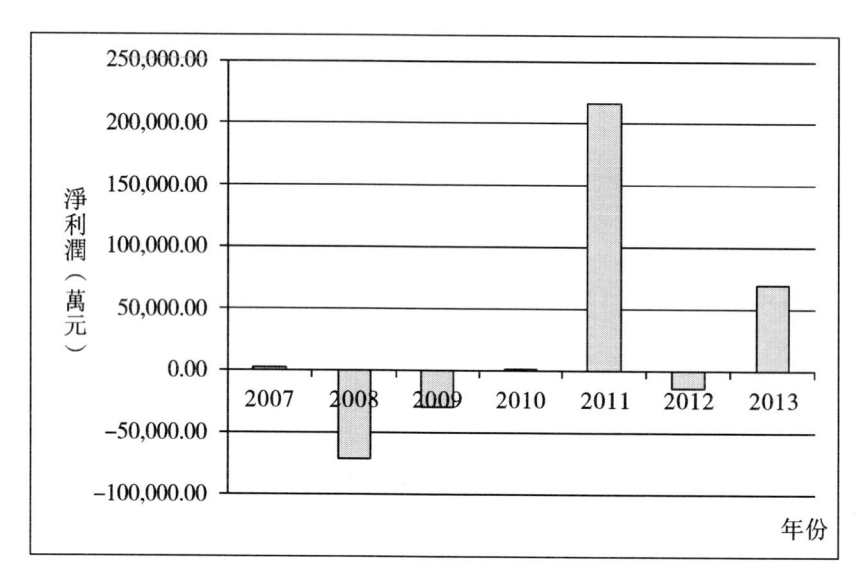

附圖 2-1　寶碩股份 2007—2013 年度淨利潤情況

從附圖 2-1 中可知，寶碩股份從 2007 年進入債務重組之後，到 2013 年，經營狀況一直處於不穩定狀態，淨利潤起伏變化很大。其中 2007 年、2010 年、2011 年、2013 年處於盈利狀態，2008 年、2009 年、2012 年處於虧損狀態。

2007 年實現歸屬於母公司所有者的淨利潤 21,022,261.42 元，盈利的主要原因是年度內保定投資發展有限公司同意豁免了寶碩股份債務重組額 80% 的應付款項，即通過債務重組，寶碩股份取得 50,380,573.73 元的債務重組利得。同時，由於公司進入破產重整程序，公司破產申請受理日起，對付利息的債權停止計提利息，致使 2007 年利息支出比上年減少 81.12%。

2010 年實現歸屬於上市公司股東的淨利潤 5,871,930.17 元，然而公司營業利潤為 −37,049,623.34 元，實現盈利主要是由於收到政府補助收入 37,637,158.94 元以及公司依法不再支付的稅款 5,511,112.04 元。

2011 年實現歸屬於上市公司股東的淨利潤 2,165,345,282.59 元，實現盈利的主要原因是收到政府補助 91,386.00 元，債務重組利得 2,289,626,115.78 元。

2013 年實現歸屬於上市公司股東的淨利潤 693,636,185.44 元。而盈利的主要原因是獲得非流動資產處置利得 154,896,816.25 元，債務重組

利得 19,863,828.16 元，政府補助收入 607,121,420.00 元。

2013 年度寶碩股份財務報告顯示：歸屬於上市公司股東的淨資產為 80,261,068.73 元，2013 年度營業收入 71,700,010.10 元，歸屬於上市公司股東的淨利潤為 693,636,185.44 元。至此，公司淨利潤、淨資產、營業收入等指標均不觸及退市風險警示條件，也不觸及該條款規定的其他情形。2014 年 3 月 10 日，上交所撤銷對寶碩股份的退市風險警示，其證券簡稱由「＊ST 寶碩」變更為「寶碩股份」。

四、寶碩股份後續發展

雖然寶碩股份在 2013 年度實現盈利，在 2014 年成功摘帽，但 2013 年歸屬於上市公司股東的扣除非經常性損益後的淨利潤為-14,263.51 萬元。公司仍然存在著資產負債率高、抵禦市場風險能力不強等風險因素。公司股票撤銷退市風險警示，並沒有提升公司的內在價值。

從附圖 2-2、附圖 2-3、附圖 2-4 可以看出，寶碩股份在摘帽當年，即 2014 年度又進入了虧損狀態。2015 年度雖然實現了歸屬於上市公司股東的淨利潤 225,716,806.51 元，但其主要原因是本年度實現了營業外收入 14,726,271.09 元，其中：處置固定資產利得 3,880,815.14 元，債務重組利得 2,706,313.11 元，政府補助收入 2,004,204.00 元，債務核銷利得 6,108,316.34 元。同時，本年度轉讓寶碩置業 60%股權使得投資收益較上年增加 345,550,810.80 元。而本年度歸屬於上市公司股東的扣除非經常性損益的淨利潤為-136,516,426.35 元。

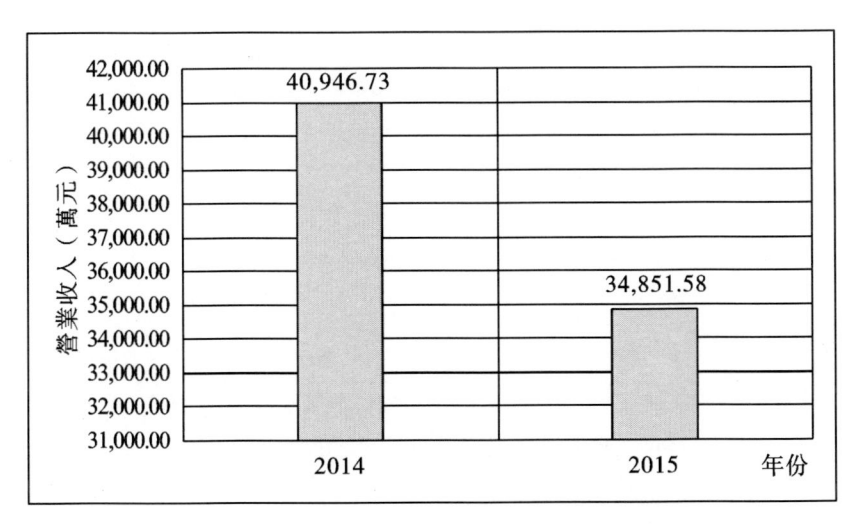

附圖 2-2　寶碩股份脫困當年及脫困後第 1 年營業收入

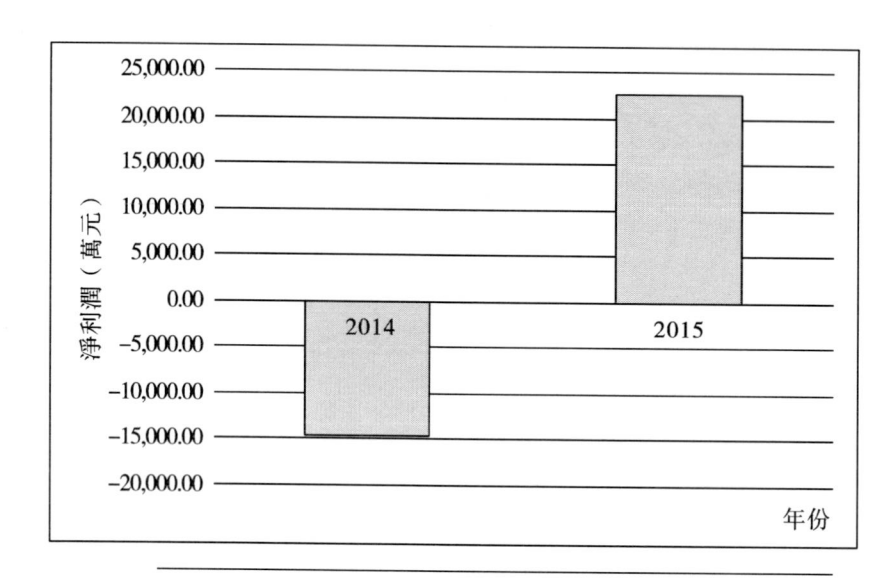

附圖2-3　寶碩股份脫困當年及脫困後第1年淨利潤

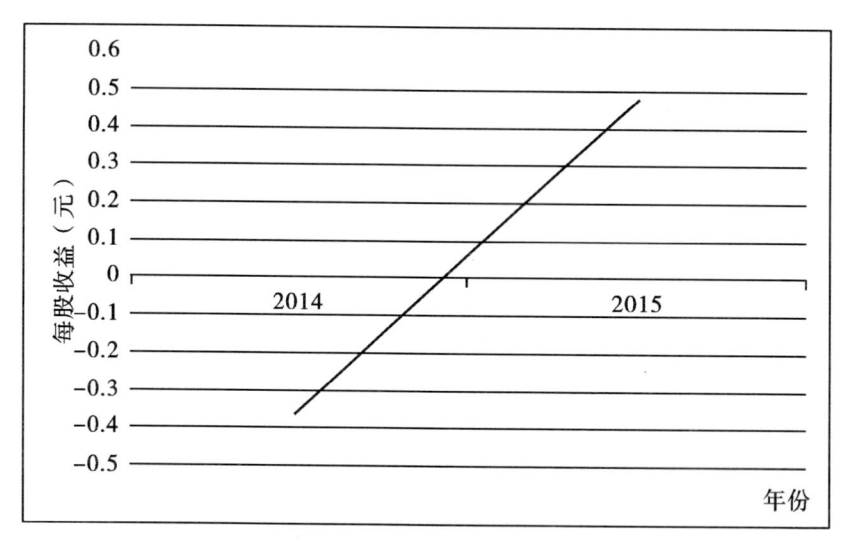

附圖2-4　寶碩股份脫困當年及脫困後第1年每股收益情況

　　從附圖2-5可知，寶碩股份從2011年至2015年的營業成本與營業收入處於基本持平的狀態，再扣除各項費用，如果不是政府補助或者各種利得，每年的淨利潤都將為負。寶碩股份的連連虧損很大程度上是因為成本居高不下，主營業務基本處於不盈利狀態。公司產品的主要原材料為PVC，約占生產成本的70%~80%。由於國際政治經濟形勢錯綜復雜，國內經濟下行壓力持續加

大，市場原油、煤、電等能源價格存在較大的不確定性，從而導致公司原材料價格波動較大，在一定程度上增加了公司生產成本控製的難度。

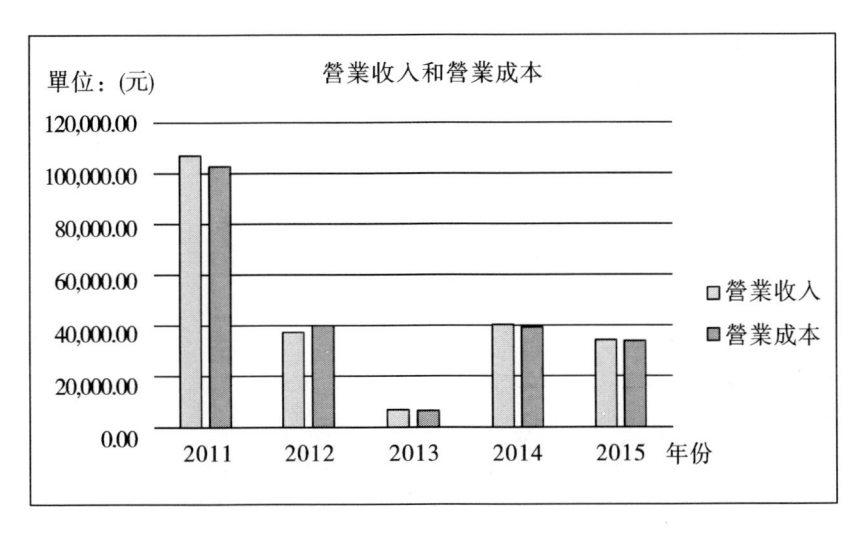

附圖 2-5　寶碩股份 2011—2015 年營業收入和營業成本情況

　　同時，國內塑料建材行業處於完全競爭狀態，技術壁壘較低導致行業集中度不高，市場較為分散，現階段，塑料建材中低端產品產能已經出現過剩，市場競爭加劇，若寶碩股份不能進一步提升品牌知名度，不能通過加強研發及時應對市場需求，以進一步提升規模、提高市場佔有率，則公司將面臨因競爭優勢不足造成盈利能力下降的風險；鑒於 PVC 價格的波動直接影響塑料型材行業企業的盈利能力，若未來 PVC 價格出現較大幅度上漲，將直接增加公司生產成本，公司盈利能力將出現下滑的風險。

　　從附圖 2-6、附圖 2-7、附圖 2-8 可知，與同行業相比，寶碩股份的營業收入在 2015 年至 2016 年 3 月，一直遠遠低於同行業的平均水平；在 2015 年 6 月至 9 月期間淨利潤高於同行業平均水平，但是其餘時間段均低於同行業平均水平。在 2016 年一季度又出現虧損。每股收益情況與淨利潤走勢相同，且處於起伏比較嚴重的狀態。總體來說，處於同行業平均水平之下。

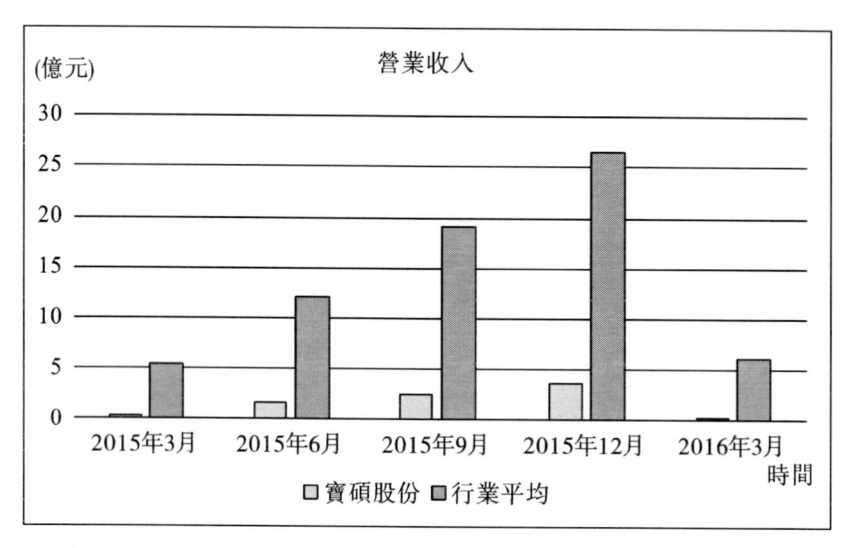

附圖 2-6　寶碩股份 2015 年 3 月—2016 年 3 月營業收入與同行業對比情況

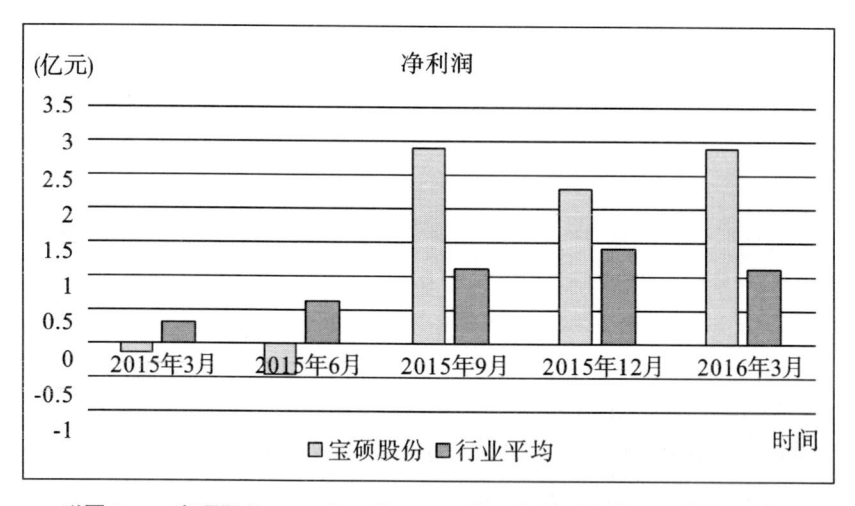

附圖 2-7　寶碩股份 2015 年 3 月—2016 年 3 月淨利潤與同行業對比情況

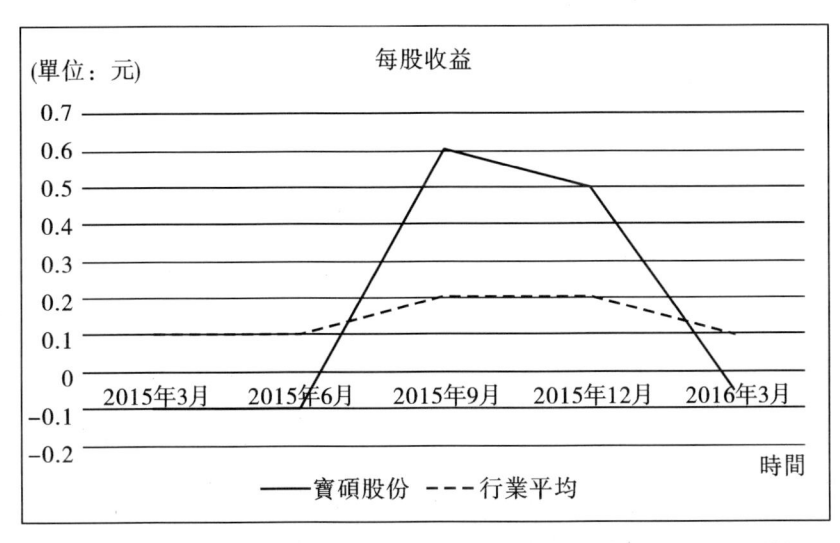

附圖 2-8　寶碩股份 2015 年 3 月—2016 年 3 月每股收益與同行業對比情況

從上述分析可知，寶碩股份目前的經營狀況仍然不是很樂觀。由於寶碩股份持續經營性虧損，資產負債率比較高，因此企業的銀行信用較低，再融資壓力比較大。由於公司的規模以及盈利能力不足，經營淨現金流不足以支撐企業發展所需，而公司目前發展所需主要資金來源於大股東。因此，流動性風險依然存在，資金問題仍然是公司實現發展戰略的主要瓶頸。

附錄 3　東方熱電的財務困境及脫困之路

一、東方熱電的歷史簡介

東方熱電的全稱為石家莊東方熱電股份有限公司，成立於 1998 年 9 月 11 日，是經河北省人民政府股份制領導小組批准，由石家莊東方熱電燃氣集團有限公司為主要發起人，聯合石家莊醫藥藥材股份有限公司、石家莊天同拖拉機有限公司、河北鳴鹿服裝集團有限公司、石家莊金剛內燃機零部件集團有限公司共同發起設立的，公司的主要業務是熱力、電力生產及清潔能源發電等，於 1998 年 9 月 14 日在河北省工商行政管理局登記註冊，註冊資本為人民幣 1.35 億元。公司於 1999 年 9 月 13 日發行的 4,500 萬股 A 股股票在深交所上網發行。1999 年 12 月 23 日，經中國證監會批准，公司股票正式上市交易，證券簡稱「東方熱電」，股票代碼 000958。

上市之初，東方熱電的前五大股東分別為：石家莊東方熱電燃氣集團有限公司、石家莊醫藥藥材股份有限公司、石家莊天同拖拉機有限公司、河北鳴鹿服裝集團有限公司、石家莊金剛內燃機零部件集團有限公司，持股比例分別為 74.08%、0.28%、0.22%、0.22%、0.19%。

2002 年 6 月，公司增發 A 股 4,915 萬股，股份總數由 18,000 萬股增至 22,915 萬股。增發後，公司控股股東持股比例下降至 58.19%；金信證券有限公司持股比例達到 3.36%，成為公司第二大股東；銀豐證券投資基金持股比例 0.67%，為公司的第三大股東。

2002 年 9 月，石家莊東方熱電燃氣集團有限公司分立為石家莊東方熱電集團公司和石家莊燃氣集團公司兩個公司。其中石家莊東方熱電集團有限公司（以下簡稱：東方熱電集團）承接公司 58.19% 的股權，為公司的控股股東。2006 年 6 月，控股股東東方熱電集團宣布「以股抵債」方式償還所欠本公司的債務，致使其對公司的持股比例由 58.19% 下降至 34.16%。2007 年，東方熱電集團增持 45.72 萬股本公司股份，持股比例上升至 34.32%。

2009 年，東方熱電集團持有的公司 557 萬股股票被扣劃至石家莊市商業銀行股份有限公司抵充債務。截至 2009 年 12 月 31 日，公司前兩大股東東方熱電集團、石家莊商業銀行，持股比例分別為 32.46%、1.86%。同年，石家莊市國資委與中國電力投資集團公司（以下簡稱：中電投集團）簽訂《關於

石家莊東方熱電集團有限公司託管協議》，委託中電投對東方熱電實施管理。

2010年3月，中電投財務有限公司通過向石家莊市商業銀行購買債權方式，取得其持有的東方熱電557萬股股票。同年10月，東方熱電集團將其持有的東方熱電1,720萬股限售流通股抵償給石家莊市國資委，石家莊市國資委將其移交給中電投財務公司，東方熱電集團持有股權比例由32.46%減少為26.71%。中電投集團通過其下屬子公司中電投財務有限公司一共持有公司限售流通股2,277萬股，占比7.60%，成為公司第二大股東。

2013年12月23日，經過中國證監會核准，東方熱電向中電投集團非公開發行18,390.8萬股。截至2013年12月31日，公司第一大股東變更為中電投集團，持股比例38.05%；東方熱電集團變為第二大股東，持股比例16.55%；中電投財務有限公司為公司第三大股東，持股比例4.71%。

2014年10月11日，經石家莊市工商局核准，公司名稱由「石家莊東方熱電股份有限公司」變更為「石家莊東方能源股份有限公司」（證券簡稱「東方能源」），證券簡稱由「東方熱電」改為「東方能源」，旨在拓展公司的營業範圍，並轉型新能源。截至2014年年底，東方能源的總股本為48,339.3萬股。

2015年1月19日，因依法執行中電投河北電力有限公司與辛集市東方熱電有限責任公司、東方熱電集團的借款擔保，東方熱電集團所持有的上市公司3,100萬股股票被拍賣，持股比例由16.55%下降至10.14%。遼寧嘉旭銅業集團股份有限公司（以下簡稱：遼寧嘉旭）以人民幣33,635萬元競得股權。2015年1月22日，股權過戶手續完成，遼寧嘉旭成為公司第三大股東，持股比例6.42%。2015年3月17日，遼寧嘉旭減持公司股票1,651.7萬股，減持完畢持股比例為2.996%。

截至2015年12月31日，東方熱電的註冊資本為人民幣551,136,613元。其中：控股股東中電投集團①持股比例38.05%；第二大股東東方熱電集團持股比例10.14%。

二、東方熱電的ST之路

2001年8月，山西省針對200多座煤礦開展實施清理整頓專項行動，使得煤炭的供應量變得緊張。東方熱電的主要原材料——煤炭的供應價格也開始大幅度上漲，有時候甚至會出現供應短缺的現象，這給公司的生產經營帶來了極

---

① 註：2015年6月1日經國務院批准，中電投集團與國家核電技術有限公司重組成立國家電力投資集團公司。由於本文主要採用2015年之前的數據，故文中出現該公司會繼續採用中國電力投資集團公司的名稱，簡稱為中電投集團。

大的壓力。儘管公司開始重點狠抓煤炭的採購管理，並且每年都會根據自身的經營狀況來及時調整戰略，但是得到的也只是每年年底勉強實現扭虧的結果。

2008年受全球金融危機的影響，中國的宏觀經濟形式變得復雜嚴峻，加上煤炭市場的供需矛盾進一步突出，煤炭的供應量情況變得極其緊張，導致煤炭的價格呈跳躍式攀升（最高時曾達到800～1,000元/噸），公司的生產、經營和發展都經受了極為嚴峻的挑戰和考驗。面對不利形勢，儘管公司努力採取了相關措施積極克服困難，但仍然處於價格與成本的倒掛狀態，最終導致東方熱電在2008年、2009年兩個年度接連出現嚴重虧損。2010年4月27日，東方熱電發出公告，宣布自4月28日起被實行退市風險警示，「東方熱電」變身「＊ST東熱」。

本書結合東方熱電在被實行退市風險警示之前五年內，即2005—2009年度的財務狀況進行分析，探究公司陷入財務困境的原因。

從附圖3-1可以看出，2005—2009年，東方熱電的資產總額一直呈遞減的趨勢，2009年的資產總額只有2005年總額的一半，減少的原因在於2009年公司的小機組陸續關停導致資產規模下降，以及為了應對罕見的冰雪災害使公司的庫存原煤減少23.76%；負債雖然沒有很大的變化，但是金額一直居高不下，停留在2,000百萬元左右；所有者權益金額總體看也在相應下降，2005年到2007年一直保持在1,200百萬元左右，從2008年開始驟減，2009年下降到了-443.87百萬元，相比較2005年的1,291.05百萬元，公司的所有者權益下降幅度高達134.38%。

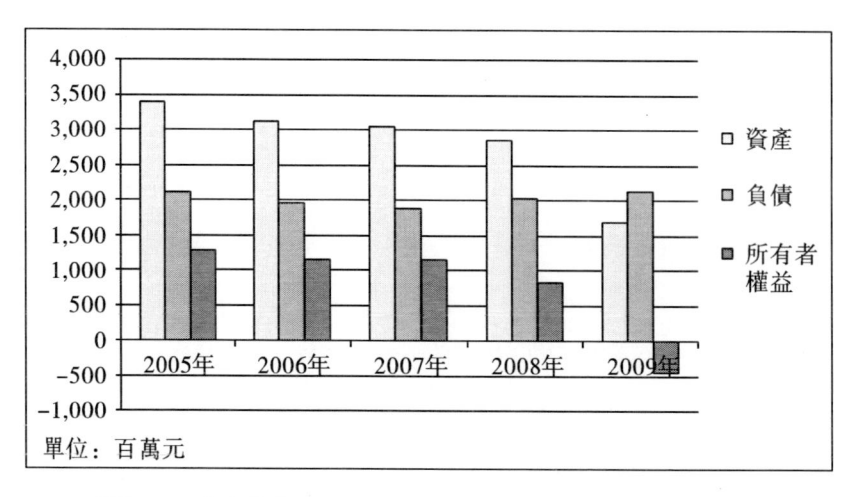

附圖3-1 東方熱電2005—2009年的資產、負債及所有者權益情況

根據附圖 3-2 可以看出，東方熱電自 2005 年到 2009 年的營業收入總額基本呈水平趨勢，沒有明顯的增減變動，金額維持在 1,000 百萬元左右，說明這些年公司業務其實沒有很好地得以增長，但公司的營業成本卻在逐年遞增。自 2008 年開始，公司營業成本高於當年的營業收入，造成這一現象的原因主要有兩點：一方面，公司受到了 2008 年全球金融危機影響，且作為熱電聯產的公用基礎設施企業，其主要原材料煤炭價格又持續上漲且居高不下；另一方面，公司大部分機組容量較小、設備較為老舊，運行成本較高，最終使得公司的生產成本在不斷地上升，淨利潤迅速下降，乃至連續兩年出現大額虧損，2009 年公司淨利潤為-1,260.93 百萬元，這也是附圖 3-1 中公司所有者權益不斷縮水的根本原因。

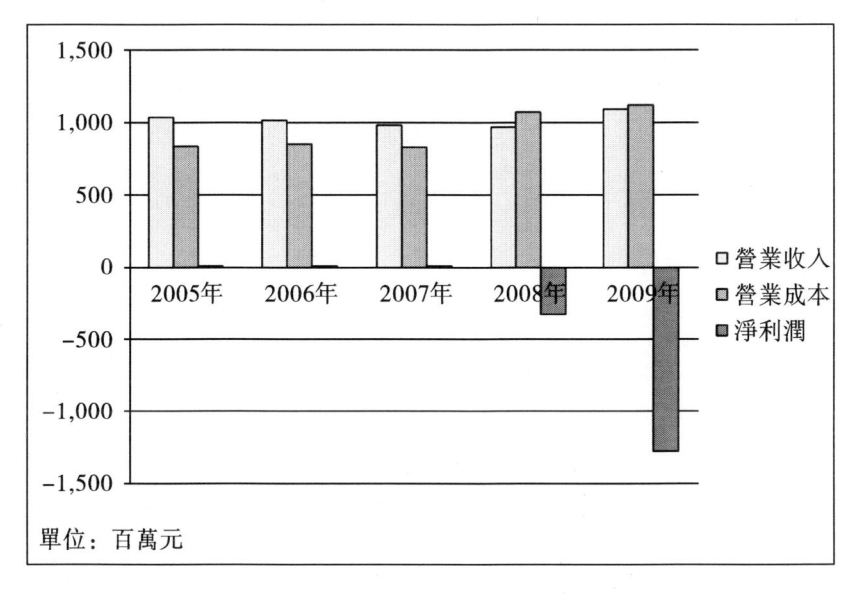

附圖 3-2　東方熱電 2005—2009 年的營業收入、營業成本和淨利潤的情況

由附圖 3-3 的資產負債率折線圖可知，東方熱電在 2005 年至 2007 年的資產負債率都在 60% 左右，說明公司在這三年的長期償債能力尚可。但是從 2008 年開始該比率指標呈快速上升趨勢，2009 年比 2005 年上升了大約 60 個百分點，並且該比率已經超過 100%，說明 2009 年的時候公司已經出現了資不抵債情況，公司的經營狀況不能夠良性循環，財務狀況惡化。

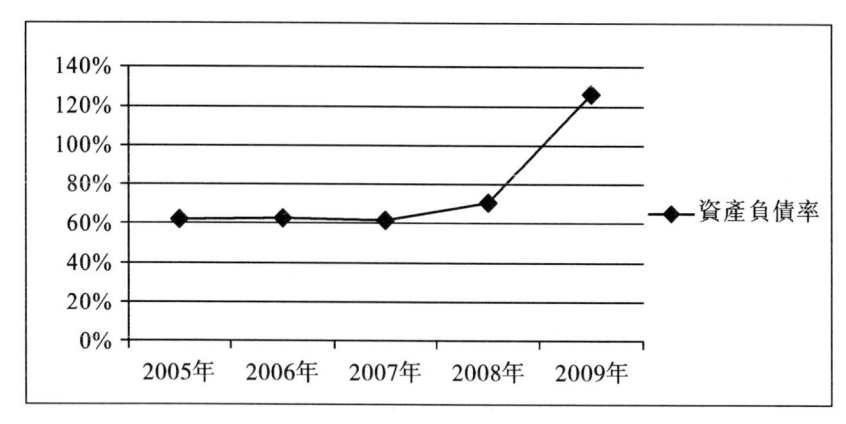

附圖 3-3　東方熱電 2005—2009 年度的資產負債率情況

再從附圖 3-4 可知，公司的銷售淨利率從 2008 年開始快速下降並且由正轉負，2009 年降至 -116.60%，可見公司以收入獲取利潤的能力極低，也就是公司的盈利能力極差。公司的償債能力與盈利能力關係密切，盈利能力決定了償債能力，這更驗證了之前的分析，此時公司的財務風險高，經營效益差。

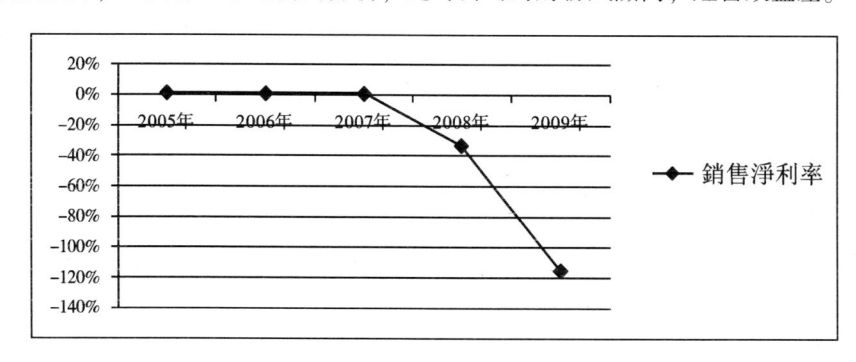

附圖 3-4　東方熱電 2005—2009 年度的銷售淨利率情況

三、*ST 東熱的脫困路徑及重組選擇分析

東方熱電在 2009 年到 2013 年的 5 年內曾兩度成為 *ST 股，面臨著隨時被退市的危機，因此防退保殼成為 *ST 東熱的當時之急。幸運的是，公司在最困難的時候獲得了其實際控製人——中電投集團的力挺，並不斷摸索、定位脫困的戰略措施。2013 年 6 月，公司披露了其債務重組及非公開發行預案，同時中電投集團也承諾，將把公司作為中電投集團熱電產業發展的平臺，非公開發行完成後三年內，將逐步向公司注入河北區域具備條件的熱電相關資產及其他優質資產，並充分發揮中電投集團的整體優勢，在熱電項目開發、熱電資產

併購及資本運作等方面，優先交由公司進行開發和營運，全力支持公司做大做強。這可以說是給予東方熱電脫困的最佳支持。

（一）脫困路徑之一：債務重組

2008年9月28日，石家莊市國資委與中電投集團簽訂了《關於無償劃轉石家莊東方熱電集團有限公司協議書》，該協議於2009年3月28日到期終止。經雙方協商，於2009年6月29日簽訂了《關於石家莊東方熱電集團有限公司託管協議》，石家莊市國資委決定委託中電投集團對公司的控股股東東方熱電集團實施管理。由於東方熱電集團持有本公司34.32%的股權，故此次託管將對公司產生重大影響，中電投集團將成為公司的潛在實際控製人。

由中電投集團託管以來，公司積極地開展了債務重組工作，但是由於公司涉及的債權銀行比較多、債務金額比較大，使得債務重組工作進展受到阻礙，公司的整體重組也難以實施。於是中電投集團為此組成了專門的工作組，與各家銀行債權人進行一對一的反覆協商，根據各家債權人的實際情況以及不同的需求，量身定制了相關的債務重組方案。從2008年到2013年，＊ST東熱的債務重組工作歷經6年終於完成，公司採用「過橋方式」由中電投集團以及中電投河北公司承接了本公司對銀行的債務，同時形成對公司的債權。

2010年5月，公司收到中電投財務公司和河北銀行股份有限公司（以下簡稱：河北銀行）的聯合債權轉讓通知，公司在河北銀行的逾期貸款本金11,000萬元及相應的欠息轉讓到中電投財務公司。本年度公司已經向中電投財務公司償還了該債權的全部本金11,000萬元，截止到2010年12月31日，公司仍有利息17,688,164.07元未還。2013年8月，公司從中電投財務公司處收到了該筆債務利息的豁免通知。

截止到2013年年初，東方熱電仍有超過12億元的債務在身，公司的債務重組工作仍然在繼續，公司的具體債務情況見附表3-1。

附表3-1　　　　　　東方熱電的債務情況表　　　　　　單位：萬元

序號	上市公司原債務	債務本金	債務利息
1	民生銀行債務	8,000	3,931.56
2	中信銀行石家莊分行債務	9,000	2,338.13
3	交通銀行河北省分行	6,000	1,524.04
4	農業銀行西城支行	9,640	4,836.15
5	中國銀行裕東支行	5,000	2,294.30

附表3-1(續)

序號	上市公司原債務	債務本金	債務利息
6	建設銀行金泉支行	21,877.20	9,391.33
7	工商銀行建南支行	25,750	9,193.95
8	經開熱電原對交通銀行河北省分行債務	4,825.16	1,205.24
	合計	90,092.36	34,714.71

註：上述第8項為公司的控股子公司經開熱電原對交通銀行的債務。

2013年，中電投集團加快了對公司債務重組工作實施的步伐，一舉解決了超過12億元的債務。公司於2013年6月7日發布公告，宣布了具體的債務重組方案，如下：

其一，中電投集團取得了公司和中國民生銀行股份有限公司石家莊分行借款合同本金8,000萬元及利息3,931.56萬元的債權。2013年5月29日，公司與中電投集團簽署了《債務重組協議》，同意公司以貨幣資金4,834.4萬元從中電投集團回購該債權，同時形成債務重組收益7,097.16萬元。

其二，中電投集團取得了公司和中信銀行股份有限公司石家莊分行借款合同本金9,000萬元及利息2,338.13萬元的債權。2013年5月29日，公司與中電投集團簽署了《債務重組協議》，同意公司以5,580萬元從中電投集團回購該債權，同時形成債務重組收益5,758.13萬元。

其三，中電投集團取得了公司和交通銀行股份有限公司河北省分行借款合同本金6,000萬元及利息1,524.04萬元的債權。2013年5月29日，公司與中電投集團簽署了《債務重組協議》，同意公司以3,600.03萬元從中電投集團回購該債權，同時形成債務重組收益3,924.01萬元。

其四，中電投河北公司取得了公司和農業銀行股份有限公司河北省分行借款合同本金9,640萬元及利息4,836.15萬元的債權。2013年5月29日，公司與中電投河北公司簽署了《債務重組協議》，同意公司以9,640萬元從中電投河北公司回購該債權，同時形成債務重組收益4,836.15萬元。

第五，中電投河北公司取得了公司和中國銀行裕東支行借款合同本金5,000萬元及利息2,294.3萬元的債權。2013年5月29日，公司與中電投河北公司簽署了《債務重組協議》，本同意公司以6,173.06萬元從中電投河北公司回購該債權，同時形成債務重組收益1,121.24萬元。

第六，中電投河北公司取得了公司和建設銀行金泉支行借款合同本金

21,877.2萬元及利息9,391.33萬元的債權。2013年5月29日，公司與中電投河北公司簽署了《債務重組協議》，同意公司以13,564.00萬元從中電投河北公司回購該債權，同時形成債務重組收益17,704.53萬元。

第七，中電投河北公司取得了公司和工商銀行建南支行借款合同本金25,750.00萬元及利息9,193.95萬元的債權。2013年5月29日，公司與中電投河北公司簽署了《債務重組協議》，同意公司以21,850.00萬元從中電投河北公司回購該債權，同時形成債務重組收益13,093.95萬元。

第八，中電投集團取得了公司控股子公司經開熱電和交通銀行河北支行借款合同本金4,825.16萬元及利息1,205.24萬元的債權。2013年5月29日，公司與中電投集團簽署了《債務重組協議》，同意公司以2,895.03萬元從中電投集團回購該債權，同時形成債務重組收益3,135.37萬元。

由於本次債務重組工作的順利完成，不僅使公司獲得了56,670.55萬元的債務重組收益，並且使資產負債率大幅度地下降，而且還有利於公司降低財務費用、改善其資本結構，順利提高了公司的資產質量。

(二) 脫困路徑之二：非公開發行股票

儘管東方熱電通過債務重組已經獲得了巨額的債務重組收益將近5.6億元，但是公司在2013年度的淨資產仍為-7.52億元。為了實現公司淨資產為正值，也為了徹底消除公司的退市風險，公司決定同年擬非公開發行A股股票，這是當前最好同時也是唯一可行的方案。

2013年6月7日，公司正式公布《非公開發行A股股票預案》，公司準備向中電投集團、北京豐實基金、上海指點投資公司這三家公司非公開發行1.8億股股票，公司合計募集資金不超過8億元，扣除發行費用以後，用於償還上述因債務重組對中電投集團以及中電投河北公司所形成的債務並補充流動資金。

此次非公開發行後，公司的財務狀況得到了明顯改善，公司的淨資產由負轉正，使淨資產為負的營運困境被徹底扭轉。資產負債率也從2009年的155%下降至60%以下，大部分有息負債將被解除，每年可為公司減少財務費用約0.86億元，財務費用率也將從11.79%下降至1.75%，並且使公司的經營槓桿迴歸到行業合理水平附近，總資產由非公開發行前的12.86億元增加到14.33億元，總負債將由19.93億元減少到7.74億元。

由此可見，此次非公開發行對東方熱電的扭虧乃至盈利起到至關重要的影響，直接關乎著公司上市地位的存續。通過本次非公開發行，公司的財務狀況

得到了有效的改善，並初步具備了注入中電投集團熱電資產的能力。為打造中電投集團熱電產業平臺，發揮專業優勢，實現可持續發展奠定了基礎。

（三）重組選擇分析

中電投集團對東方熱電的重組選擇屬於比較常見的支持性重組。早在2010年年底，因為借款擔保合同引起的糾紛，東方熱電集團以持有的東方熱電限售流通股1,720萬股抵償石家莊市國資委債權，石家莊市國資委又將該1,720萬股股權移交給中電投財務公司，加上2010年年初向商業銀行購買的557萬股公司股票，中電投集團通過其子公司中電投財務公司共持有東熱限售流通股2,277萬股，占公司總股數的7.60%，為公司的第二大股東，同時中電投集團對公司控股股東東方熱電集團進行管理，所以是本公司的潛在實際控製人。2013年又通過定向購買公司股票，持股比例上升到了38.05%，為公司的第一大股東。從東方熱電的重組選擇過程，中電投集團通過債務重組和非公開發行股票逐步完成了家族內的股權置換，成功成為東方熱電的控股股東以及實際控製人。

截止到2013年8月，公司的債務重組工作以及非公開發行股票已經全部完成，公司在2013年度的淨利潤開始有了較大幅度的提高，由負轉正成功扭轉，實現了淨利潤674,145,010.99元。2014年4月，東方熱電成功地摘星脫帽，渡過了退市危機。

四、脫困後的業績分析

儘管東方熱電已經成功渡過了退市危機。但是公司在脫困之後的業績狀況如何，後續發展又如何？本書對東方熱電脫困當年即2013年和脫困後第1-2年即2014年、2015年進行了業績分析（見附圖3-5、表2和表3）。

通過對河北省上市公司資料的整理發現，與東方熱電同屬電力、熱力、燃氣及水生產和供應行業的只有一家公司——河北建投能源投資股份有限公司（以下簡稱：建投能源），該公司的主要業務為火電業、酒店業、銀行業和能源服務業，是河北省最大的電力類主體上市公司。通過兩家上市公司財務報告數據發現，東方熱電營業收入的90%以上均為熱力電力收入，而建投能源的發電收入也占到全部營業收入的90%以上。故可將東方熱電脫困後的業績狀況與建投能源同年期業績狀況進行橫向比較。

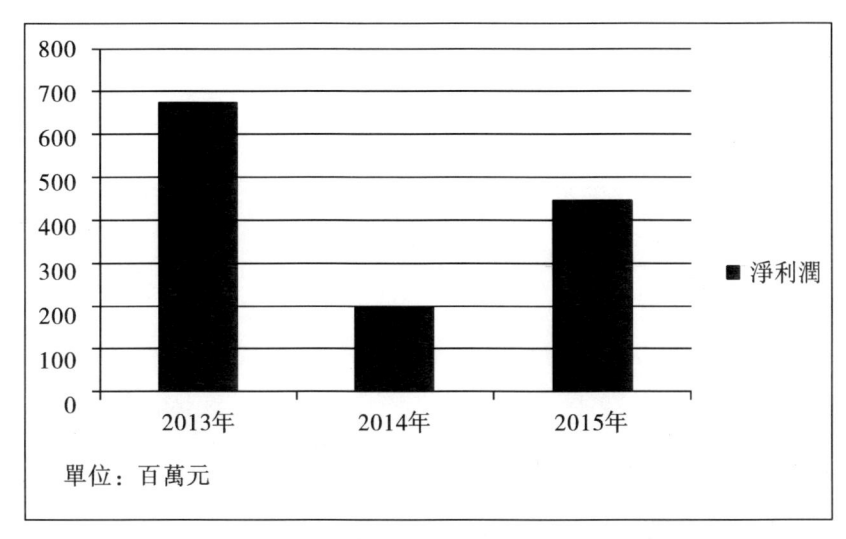

附圖 3-5　東方熱電脫困當年及脫困後第 1-2 年淨利潤情況

首先，通過附圖 3-5 中的淨利潤指標可以發現，東方熱電在擺脫財務困境的當年和擺脫財務困境後的第 1-2 年的淨利潤均為正數，即使 2014 年的淨利潤 197.59 百萬元相比其他兩年略低，但是也明顯高於公司 2005 年至 2009 年中任何一年的淨利潤。可見債務重組和非公開發行股票之後，公司的經營效益明顯增強。

如附表 3-2、附表 3-3 所示：

附表 3-2　東方熱電脫困當年及脫困後第 1、2 年的主要業績指標

評價指數類別	基本指標	2013 年	2014 年	2015 年
盈利能力	淨資產收益率	-1,694.58%	23.46%	23.18%
	每股收益	1.39	0.41	0.81
營運能力	總資產週轉率（次）	0.40	0.31	0.48
	應收帳款週轉率（次）	7.16	7.66	8.07
償債能力	資產負債率	69.67%	62.07%	56.24%
	流動比率（倍）	0.74	0.29	0.80
發展能力	銷售增長率	-15.12%	6.87%	-4.21%
	資本保值增值率	-89.62%	97.24%	203.24%

附表 3-3　　建投能源 2013—2015 年的主要業績指標

評價指數類別	基本指標	2013 年	2014 年	2015 年
盈利能力	淨資產收益率	22.81%	31.93%	31.36%
	每股收益	0.82	1.32	1.14
營運能力	總資產週轉率（次）	0.50	0.47	0.38
	應收帳款週轉率（次）	11.17	13.7	10.22
償債能力	資產負債率	71.22%	56.61%	51.37%
	流動比率（倍）	0.57	0.85	0.67
發展能力	銷售增長率	35.54%	25.16%	-11.62%
	資本保值增值率	122.52%	192.32%	120.50%

其次，仔細觀察附表 3-2 中的數據，東方熱電近三年的淨資產收益率變化明顯，從 -1,694.58% 上升到 23.18%，每股收益指標雖然總體呈下降趨勢，但是得益於公司淨利潤的轉正而使數值一直保持著正數，可見公司在脫困之後的盈利能力有所恢復。但是，與建投能源同期相比，東方熱電的各盈利能力指標均略顯遜色，獲利能力偏低。由於東熱的主要業務是熱電聯產及新能源發電（公司熱力主要為石家莊市的工業、商業和居民生活提供蒸汽和採暖服務；電力主要是熱電聯產所生產的電量上網銷售），所以公司的總資產週轉率和應收帳款週轉率沒有較大幅度波動。但是公司的資產負債率在脫困之後降低到 70% 以下並逐年減少，並且與建投能源相比保持著不錯成績，這說明公司當前的長期償債能力增強。另外，東方熱電與建投能源的流動比率都遠遠小於 2，可見該行業不會有很多流動資產能在短期變現，短期償債能力均不樂觀。從後續發展能力來看，公司的銷售增長率很不穩定且偏低，資本保值增值率卻在一路上升，說明公司的成長狀況雖然不佳，但是資本的保全和增長狀況較好，所有者權益增長較快。總體來看，東方熱電在脫困之後的近三年業績明顯改善，但是部分指標在 2015 年度又有回落，公司發展後勁存在不確定性。

四、東方熱電的後續發展

（一）新一輪的資產重組

自 2014 年下半年開始，東方熱電著手進行了脫困之後的新一輪資產重組。由於東方熱電所屬熱電廠從 2009 年開始陸續關停，導致公司目前的資產規模較小，需要注入新的利潤增長點，來保持公司的後續盈利能力。同時根據中電

投集團出具的避免同業競爭承諾：非公開發行完成後三年內，根據東方熱電資產狀況、資本市場情況等因素，通過適當的方式，逐步將河北區域熱電等優質資產注入上市公司。因此，公司當前的資產負債率較低，處在正常水平，已經具備了較強的融資能力，可以通過購買優質資產來滿足生產需要。

2014年8月8日，東熱公告宣布，擬收購中電投河北公司持有的中電投河北易縣新能源發電有限公司（以下簡稱：易縣新能源）和中電投滄州渤海新區新能源發電有限公司（以下簡稱：滄州新能源）100%的股權。為了完成此次收購，東熱向中電投財務有限公司借款3.8億元，其中22,119.71萬元用於本次資產重組，占資產總額的14.60%，剩餘借款用來補充公司流動資金需求。2014年10月11日，公司名稱變更，由「石家莊東方熱電股份有限公司」變更為「石家莊東方能源股份有限公司」。變更後證券簡稱為「東方能源」，股票代碼不變。

2015年3月17日，東熱非公開發行A股股票，非公開發行募集資金扣除發行費用以後，用於收購中電投河北公司持有的石家莊良村熱電有限公司（以下簡稱：良村熱電）51%的股權和中電投石家莊供熱有限公司（以下簡稱：供熱公司）61%的股權。其中，良村熱電主要從事電力、熱力生產銷售，其工業用戶比例達80%，是石家莊市東部區域規劃的唯一大型的熱電聯產企業，盈利能力較強；而供熱公司是石家莊市擁有供熱經營許可證的大型熱網公司，擁有供熱管網總長度357.05千米，供熱面積3,149萬㎡，約占石家莊市供熱總面積的35%。東熱在本次非公開發行之前就已經擁有良村熱電49%股權、供熱公司33.4%股權，所以本次非公開發行完成後，東方熱電將成為良村熱電和供熱公司的控股股東，同時公司的淨利潤和淨資產也將得到大幅度地增加，盈利能力得到明顯提升，能為公司的未來發展奠定良好基礎。目前，公司仍在積極辦理良村熱電及供熱公司股權收購完成後的工商登記變更工作。

（二）資產重組後的業績狀況

重組之前東方熱電的經營業務主要是熱電聯產和清潔能源發電，在摘星脫帽之後的一系列資產重組之後，公司的主營業務不會發生重大變化，並且還能真正幫助改善公司的盈利能力和業績水平。

由附圖3-6至附圖3-9可見，新一輪的資產重組之後，東方熱電的資產規模有了進一步的擴大，相較於2013年第一季度的資產總額，2016年第一季度的資產達到了3,663.45百萬元，上升幅度將近277%；所有者權益總額也成功從負數轉為正數並且顯著提升，從2013年第一季度的-736.77百萬元上漲到2016年第一季度的2,492.03百萬元；淨利潤從2013年第一季度的29.89百

萬元升至172.01百萬元，同比增長了5.7倍；每股收益從0.1元/股升到0.31元/股。

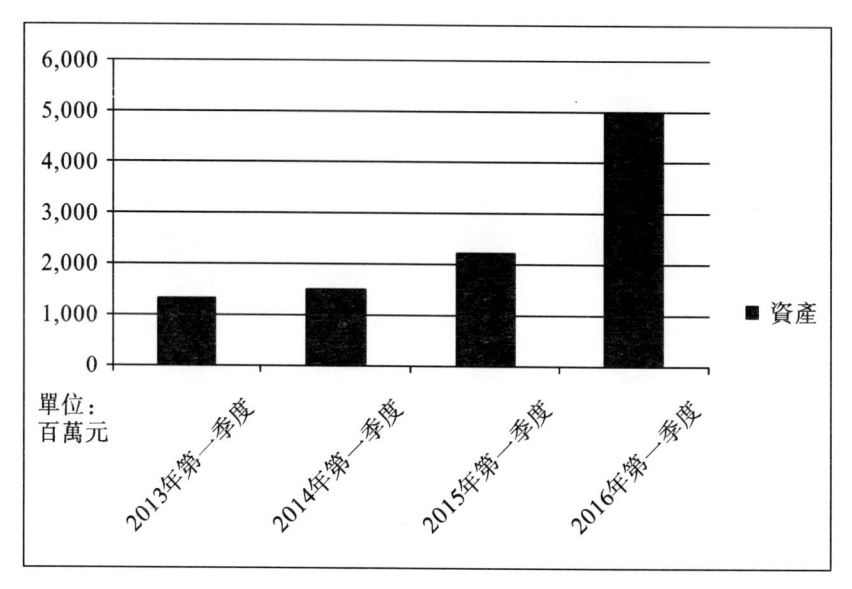

附圖3-6 東方熱電資產重組後的資產狀況

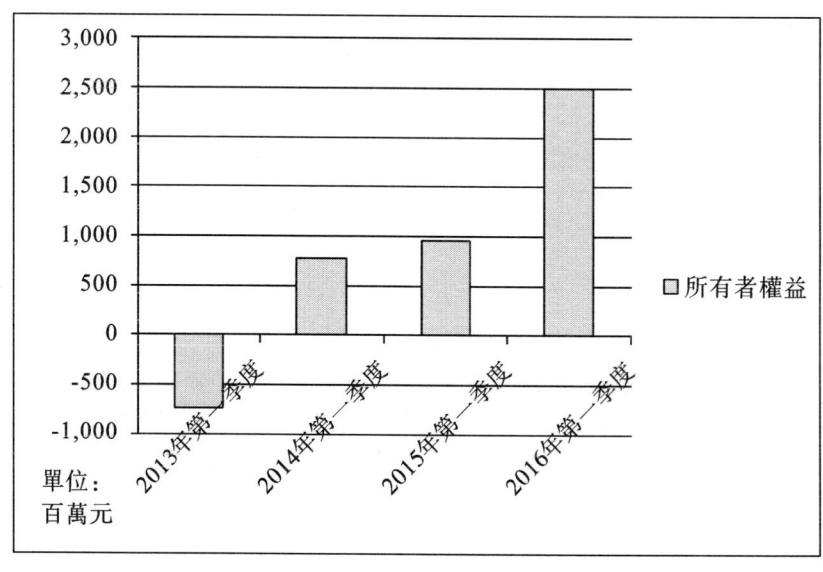

附圖3-7 東方熱電資產重組後的所有者權益狀況

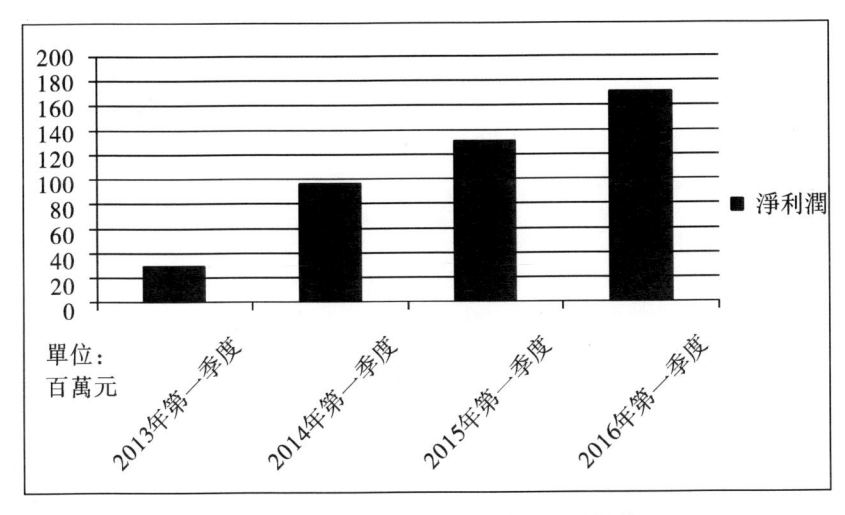

附圖 3-8　東方熱電資產重組後的淨利潤狀況

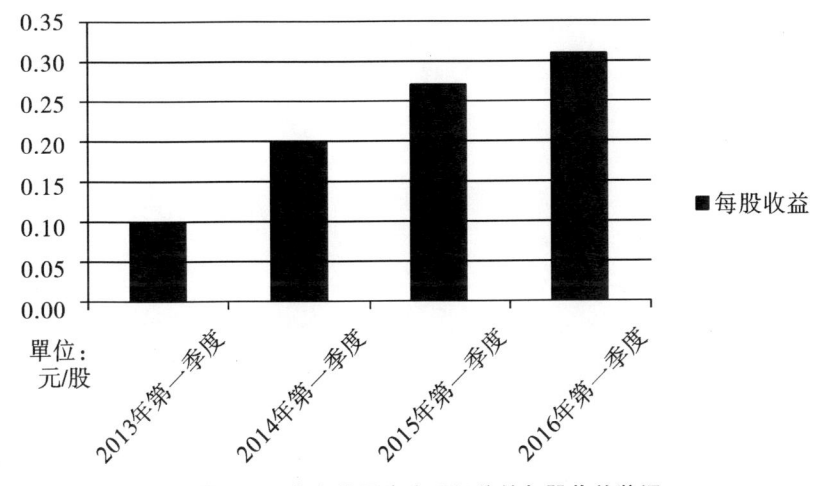

附圖 3-9　東方熱電資產重組後的每股收益狀況

註：由於 2014 年下半年公司開始資產重組，後續財務數據不足，故本文選擇 2013—2016 年第一季度的數據進行比較分析。

通過這一系列的資產重組和非公開發行股票，東方熱電的淨利潤將得到大幅度增加，盈利能力將得到明顯提升，為公司未來發展奠定了良好基礎。但是，在東方熱電的未來發展過程中仍然存在著重組後諸如整合等諸多問題，需要在後續發展中加以重點關注。並希望在良村熱電以及供熱公司的股權收購完成以後，東方熱電能夠進一步加強統一管理，積極利用自身與良村熱電以及供熱公司的優勢，充分發揮規模效應，進一步整合公司與良村熱電以及供熱公司

的供應鏈、客戶等優質資源，優化業務流程，降低採購、生產、營銷成本，發揮協同效應，提升公司的銷售規模和盈利能力。那麼東方熱電的總資產及淨資產規模將會相應地增加，公司的資本結構更會得到優化，資產負債率將不斷下降，償債能力和盈利能力將進一步增強，抗風險能力將進一步提高，從而進一步增加東方熱電的整體價值。

附錄 4　天威保變從退市預警到成功摘帽

在中國，通常以「被特別處理」作為上市公司陷入財務困境的標準。中國股票市場被「特別處理」的公司很多都是因為「財務狀況異常」，即出現最近兩年連續虧損，或最近一年的每股淨資產低於每股面值，或者同時出現上述情況。由於被退市預警的公司負面影響非常大，為了避免成為被關注的對象，虧損或者虧損邊緣的上市公司會通過不同方式，努力改變自身的財務狀況。主要運用的手段是盈餘管理、資產重組、債務重組。天威保變主要利用了資產重組外加盈餘管理方式成功脫困。

一、公司簡介

（一）歷史沿革

保定天威保變電氣股份有限公司（以下簡稱「保變電氣」）於 1999 年 9 月 27 日經河北省人民政府股份制領導小組批准，由保定天威集團有限公司（以下簡稱「天威集團」）為主發起人，聯合保定惠源諮詢服務有限公司、樂凱膠片股份有限公司、河北寶碩集團有限公司、保定天鵝股份有限公司共同發起設立的股份有限公司，註冊資本為 16,000 萬元。其中集團公司以其所屬的大型變壓器分公司、機電工程分公司的經營性淨資產出資，其他四家發起人以現金出資，於 1999 年 9 月 28 日在河北省工商行政管理局登記註冊。保變電氣經中國證監會核准，於 2001 年 1 月 12 日通過上海證券交易所交易系統以上網定價的發行方式向社會公開發行人民幣普通股（A 股）6,000 萬股，2001 年 2 月 28 日於上交所掛牌交易，證券簡稱「天威保變」，證券代碼為 600550。截至 2014 年 12 月 31 日，公司股本總額為 15.35 億股。

保變電氣經營範圍包括：變壓器、互感器、電抗器等輸變電設備及輔助設備、零售部件的製造與銷售；輸變電專用製造設備的生產與銷售；境內外機械、電力工程施工及工程所需設備材料銷售；代理境內外電力、機械工程招標業務；相關技術、產品及計算機應用技術的開發與銷售；經營本企業自產產品的出口業務和本企業所需的機械設備、零配件、原輔材料的進口業務；自營各種太陽能、風電產品及其配套產品的進出口業務；太陽能、風電相關技術的研發；太陽能、光伏發電系統、風力發電系統的諮詢、系統集成、設計、工程安裝、維護；自營和代理貨物進出口等。

保變電氣秉承並發展了原保定變壓器廠主要優良資產和大型變壓器科研成果及產品品牌。公司立足於河北「打造沿海經濟強省」和保定市「打造保定·中國電谷」的戰略規劃，大力發展變壓器、太陽能光伏發電、風力發電設備以及其他輸變電產業，建設中國新能源生產基地。公司大力實施「科技興企」戰略，努力提高企業核心競爭力，相繼研發出多臺具有國際先進水平、在中國變壓器發展史上名列「第一」的變壓器產品，成為變壓器單廠產量世界第一、擁有變壓器行業核心技術最齊全的企業，也是國內核電公司主變壓器產品唯一供應商。目前，公司已成為 1,000kV 級及以下各類變壓器、互感器、電抗器、太陽能電池、風力發電設備、高壓套管、變壓器專用設備以及 IT 技術等多產業的綜合經濟實體。

（二）股權結構

保變電氣的前身——「天威保變」於 1999 年 9 月 28 日註冊成立，成立時註冊資本為 16,000 萬元。2001 年 1 月 12 日通過上交所交易系統以上網定價的發行方式向社會公開發行人民幣普通股（A 股）6,000 萬股，此次發行後，公司股本增至 22,000 萬元。截止到 2001 年 12 月 31 日，公司控股股東為天威集團，持股比例為 63%；公司第二大股東為保定惠源諮詢服務有限公司，持股比例為 8.84%。

2002 年 4 月 26 日，經公司股東大會決議通過，以 2001 年 12 月 31 日總股本 22,000 萬股為基數每 10 股送 2 股，同時每 10 股轉增 3 股，公司股本於 2002 年 5 月份變更為 33,000 萬股。截止到 2002 年 12 月 31 日，公司前兩大股東為天威集團、保定惠源諮詢服務有限公司，持股比例分別為 63%、8.84%。

2005 年 8 月 19 日公司實施股權分置改革方案：以 8 月 17 日為方案實施的股權登記日，該日登記在冊的流通股股東每持有 10 股將獲得公司發起人股東支付的 4 股股份對價，方案實施後公司股份總數不變，非流通股變為有限售條件的流通股並減少，無限售條件的流通股增加。截至 2005 年 12 月 31 日，公司前兩大股東為天威集團、保定惠源諮詢服務有限公司，持股比例分別為 53.55%、7.51%。

2006 年 6 月 6 日，經中國證監會核准公司採用非公開的發行方式，向特定投資者發行普通股（A 股）3,500 萬股，公司股本總數變更為 36,500 萬股。截至 2006 年 12 月 31 日，公司前兩大股東為天威集團、保定惠源諮詢服務有限公司，持股比例分別為 51.1%、6.79%。

2007 年 5 月 11 日，經股東大會決議通過以 2006 年 12 月 31 日總股本 36,500 萬股為基數每 10 股送 4 股，同時每 10 股轉增 6 股，公司股本總數變更

為 73,000 萬股。截至 2007 年 12 月 31 日，公司前兩大股東為天威集團、保定惠源諮詢服務有限公司，持股比例分別為 51.1%、5.97%。

2007 年 9 月 25 日，公司接到天威集團通知，保定市人民政府國有資產監督管理委員會與中國兵器裝備集團公司（以下簡稱「兵裝集團」）簽署《保定天威集團有限公司股權無償劃轉協議書》。天威集團接到由兵裝集團轉來的國務院國資委對兵裝集團《關於保定天威集團有限公司國有股權無償劃轉有關問題的批覆》，以及中國證監會《關於核准中國兵器裝備集團公司公告保定天威保變電氣股份有限公司收購報告書並豁免其要約收購義務的批覆》文件後，於 2008 年 3 月 13 日取得了由工商部門核准的新的企業法人營業執照。至此，兵裝集團已全部完成對天威集團的股權收購，天威集團作為持有公司 51.1% 股權的第一大股東，在劃轉完成後將成為兵裝集團的全資子公司，本公司的實際控製人也相應變更為兵裝集團。

2008 年 5 月 21 日，經股東大會決議通過以 2007 年 12 月 31 日總股本 73,000 萬股為基數每 10 股轉增 6 股，公司股本總數變更為 116,800 萬股。截至 2008 年 12 月 31 日，公司前兩大股東為天威集團、保定惠源諮詢服務有限公司，持股比例分別為 51.1%、5.54%。

2011 年 3 月 21 日，經中國證監會證監許可［2011］400 號文件批准，公司以發行股權登記日 2011 年 4 月 6 日收市後天威保變股本總數 116,800 萬股為基數，按每 10 股配 1.8 股的比例向全體股東配售，共配股 20,499.090,6 萬股，配股後公司股本總數變更為 137,299.091 萬股。截至 2011 年 12 月 31 日，公司前兩大股東為天威集團、保定惠源諮詢服務有限公司，持股比例分別為 51.3%、5.56%。

2013 年 6 月，公司原控股股東天威集團通過協議轉讓的方式將其所持有的天威保變 35,200 萬股股票轉讓給兵裝集團，轉讓完成後天威集團仍為天威保變第一大股東，持股比例為 25.66%；兵裝集團將成為天威保變第二大股東，持股比例為 25.64%。天威集團為兵裝集團的全資子公司，兵裝集團為國務院國有資產監督管理委員會的全資子公司。此次股權轉讓完成後，天威保變的實際控製人未發生變化。

2013 年 12 月，公司非公開發行新股 16,161.616,1 萬股並已完成登記上市工作，截至 2014 年 12 月 31 日，公司股本總數為 153,460.707 萬股。非公開發行新股後，兵裝集團成為公司第一大股東，持股 33.47%；天威集團成為公司第二大股東，持股 22.96%。

二、天威保變陷入財務困境及其原因

保定天威保變電氣股份有限公司發表公告稱因 2012 年、2013 年連續虧損，公司股票自 2014 年 3 月 12 日起被上海證券交易所實施退市風險警示。公司股票簡稱由「天威保變」變更為「＊ST 天威」。

1. 原因之一：過度擴張

天威保變陷入財務困境最主要的原因，就是其此前在新能源領域擴張太快。＊ST 天威在主營輸變電業務之外，大舉進行新能源投資，包括薄膜電池、多晶硅，以及風電領域。資料顯示，母公司天威集團在新能源業務的投入更是高達數百億元。

2001 年登錄上海證券交易所的天威保變在上市之初主營業務為變壓器、互感器等輸電設備及輔助設備、零部件的製造與銷售。公司於 2002 年開始涉及新能源業務，當年公司擁有保定天威英利新能源有限公司 49%的股權，該公司從事硅太陽能電池及配套產品的研製、生產、銷售，2002 年其實現了主營業務收入 3,339 萬元，淨利潤為 255 萬元。

2005 年，天威保變實現淨利潤 1.98 億元，同比增長 96.15%。其中，公司從天威英利獲得投資收益 1.35 億元，占公司淨利潤的比重上升至 68.23%。天威英利對天威保變淨利潤的貢獻繼續增加的同時也引起了天威保變繼續對新能源業務的大幅投資。同一年，新成立的保定天威科技風電科技有限公司主要開拓風電領域。同年 6 月，公司非公開發行股份募集資金 6.16 億元，其中 1.1 億元對新光硅業進行增資，增資完成後公司持股比例為 35.66%。公司增資的資金用於新光硅業年產 1,000 噸多晶硅產業化示範工程項目。2.5 億元用於風力發電整機項目。至此，天威保變在新能源業務中的三大板塊多晶硅、太陽能電池、風電業務已經成型。

然而，公司看到新能源帶來的利潤後，過於樂觀地估計了新能源市場的前景。自 2008 年至 2012 年，天威集團上馬了 21 個新能源固定資產投資項目，但其中的 20 個項目未經過董事會等法定程序，涉及金額 152 億元。2013 年，＊ST 天威淨利潤虧損額高達 52.33 億元。

2. 原因之二：主營產業和新能源產業產能過剩

由附圖 4-1~附圖 4-3 可知，2008 年之前，在國家大力推進西電東送等政策的推動下，作為變壓器產業的領軍企業，天威保變隨著新能源投資收益的不斷攀升，淨利潤暴增了 9 倍，至 2008 年年底，新能源的投資收益達到 5.7 億，淨利潤達到 9.4 億元。然而，2008 年之後隨之而來的是，公司大舉投資的新能

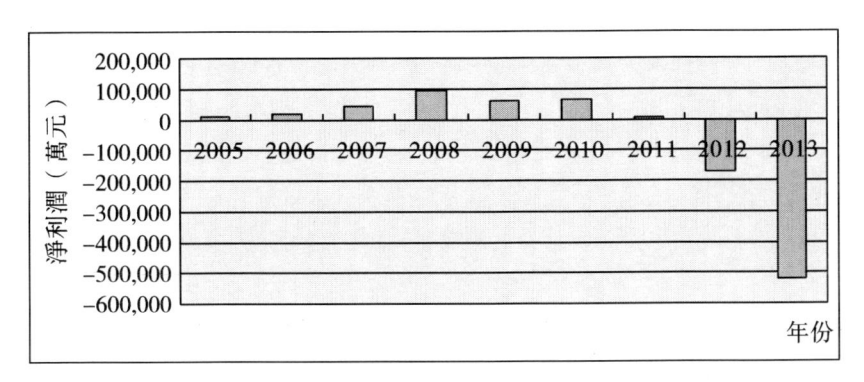

附圖 4-1　天威保變 2005—2013 年度淨利潤情況

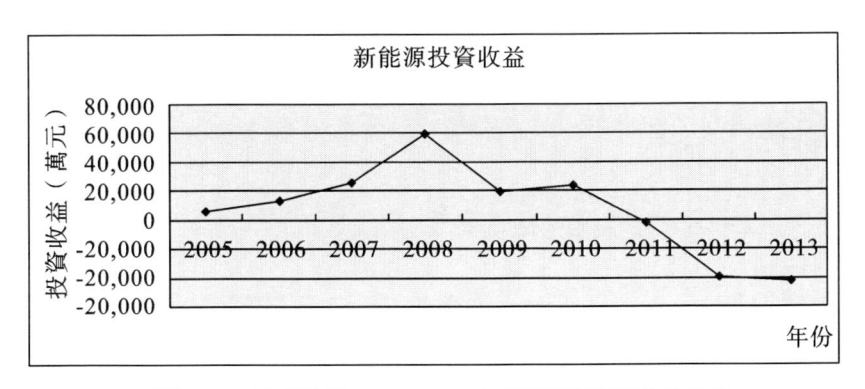

附圖 4-2　天威保變 2005—2013 年度新能源投資收益情況

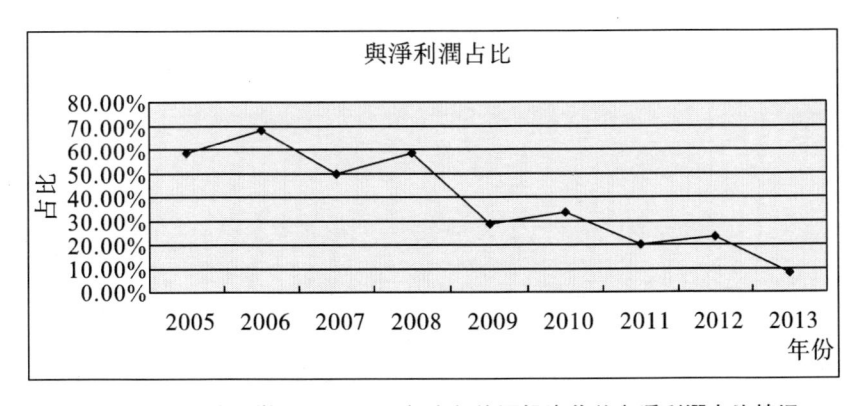

附圖 4-3　天威保變 2005—2013 年度新能源投資收益與淨利潤占比情況

源業務在薄膜領域一直沒有解決轉換效率低的弊病；在多晶硅領域則因缺乏技術優勢，成本高昂而失去市場；在風電領域，*ST 天威同樣被排在主力軍之外。產能過剩是目前輸變電產業和新能源產業都存在的客觀現實，輸變電產業

尤其表現在中低壓低端產品市場，競爭日益加劇；新能源產業中尤其表現在風電設備和多晶硅的需求增速減緩，市場容量有限，同業競爭將會加劇，風電設備和多晶硅價格大幅下跌，對公司新能源產業發展構成威脅和挑戰。

新能源產業由於宏觀經濟形勢依然嚴峻，市場萎縮，產能過剩，產品低價徘徊，新能源子公司處於停產或半停產狀態，天威保變在新能源領域的主要子公司、參股公司全部虧損嚴重，其中，天威硅業虧損11.7億元，天威薄膜光伏虧損12.4億元，天威風電虧損4.7億元。公司的虧損原因主要來自新能源業務的虧損及計提。截至2013年年底，公司的貨幣資金為15.88億元（其中4億元為銀行保證金無法動用），但其短期借款卻高達32.96億元，資產負債率高達97.2%。公司淨資產從2012年末的56.83億元，大幅縮水至6,337.77萬元。同時，公司光伏產業和風電產業都處於產能嚴重過剩的經營環境，產品價格持續走低，銷量大幅下降，導致新能源投資損失不斷增加，年度淨虧損額逐漸增大。由於公司新能源產業的虧損，對公司整體經營業績造成了嚴重的影響。

三、天威保變的脫困策略

在大幅度連續虧損之後，天威保變積極採取措施扭虧為盈。為了保殼，天威保變剝離了其新能源業務，積極進行資產置換，謀求轉型迴歸主業。

1. 脫困策略之一：利用會計政策提前計提減值準備

2013年8月27日，天威保變公告稱，公司對2013年上半年合併會計報表範圍內相關資產進行了仔細的盤點與核查，計提減值準備8.19億元。這也導致公司上半年虧損金額高達10.98億元，與去年同期虧損3.44億元相比，虧損額度大幅增加。如附圖4-4所示：

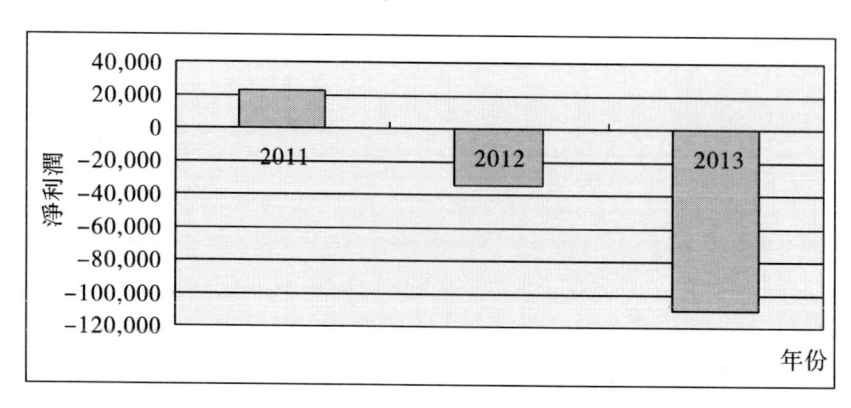

附圖4-4　天威保變2011—2013半年度淨利潤情況

从附图 4-4 可以看出，天威保变在 2011 年上半年度处于盈利状态，而 2012 年上半年度开始亏损，至 2013 年，由于大额资产减值损失的计提使得亏损幅度同比增加高达 219%。

见附表 4-1：

附表 4-1　　　天威保变 2013 年度减值准备计提情况

项目	公司	金额（元）
坏账准备	保定天威保变电气股份有限公司	62,706,711.09
小计		62,706,711.09
存货跌价准备	保定天威薄膜光伏有限公司	20,469,733.53
	保定天威风电科技有限公司	26,713,511.67
	保定天威风电叶片有限公司	20,878,180.70
小计		68,061,425.90
固定资产减值准备	保定天威薄膜光伏有限公司	493,089,022.62
	保定天威风电叶片有限公司	20,135,645.79
小计		513,224,668.41
在建工程减值准备	天威四川硅业有限责任公司	153,951,665.27
	保定天威薄膜光伏有限公司	134,528.19
小计		154,086,193.46
无形资产减值准备	保定天威风电叶片有限公司	19,053,337.64
	保定天威薄膜光伏有限公司	1,406,715.76
小计		20,460,053.40
总计		818,539,052.26

从上述附表 4-1 计提减值准备的内容来看，主要是公司涉及的光伏、风电新能源行业。在光伏行业和风电行业持续低迷的市场状况下，公司在 2013 年和 2014 年有可能会继续连续亏损，加之公司在 2012 年已经大幅亏损，如果公司在接下来的两年内连续亏损，那么将会面临退市的风险。天威保变选择在 2013 年上半年计提如此大额的资产减值，目的就是为了让公司在 2013 年度大幅度亏损，而在 2014 年就不再需要计提相关的减值准备，进而为公司在 2014 年实现盈利来保壳做准备。根据其年报显示，公司在 2012 年度一共计提了 752,025,460.40 元的资产减值损失；2013 年度共计提资产减值损失 4,069,302,832.72 元，同比增长 441%；2014 年度仅仅计提了资产减值损失 62,929,134.13 元；同比下降 98%。由此看出，天威保变利用会计政策进行盈

餘管理有效地將資產減值損失對淨利潤的影響程度降到了最低，從而為 2014 年扭虧為盈做出了重要貢獻。如附圖 4-5 所示：

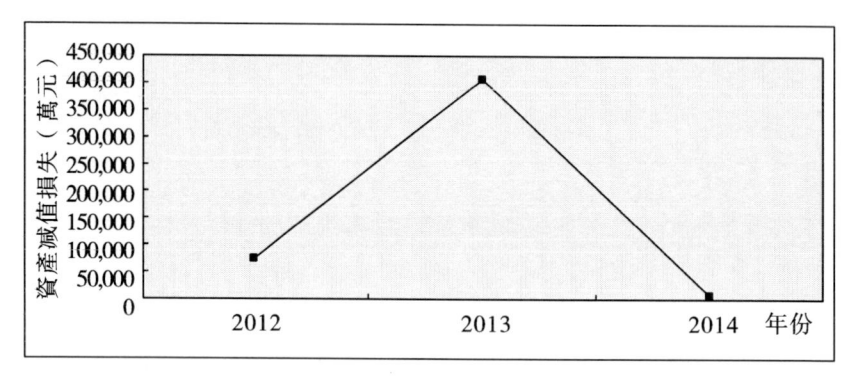

附圖 4-5　天威保變 2012—2013 年度計提資產減值損失情況

據公司年報顯示，在 2014 年新能源產品的毛利率同比增加了 37.89 個百分點，這主要是由於公司在 2014 年部分銷售出去的商品上年已經計提了存貨跌價準備，從而導致相比於上一年度營業利潤有增加，這說明在 2013 年度提前大量計提相關資產減值損失使得 2014 年度新能源產品的毛利率有了相對較大幅度的上漲，為公司總體在 2014 年度成功扭虧為盈而保殼奠定了良好的基礎。

2. 脫困策略之二：與母公司進行資產置換

2013 年 10 月 9 日，天威保變公告稱，公司擬與大股東保定天威集團有限公司進行資產置換，擬以持有的保定天威風電科技有限公司、保定天威風電葉片有限公司、天威新能源（長春）有限公司、保定天威薄膜光伏有限公司各 100％股權，與大股東保定天威集團有限公司持有的保定天威電氣設備結構有限公司、保定天威變壓器工程技術諮詢維修有限公司各 100％股權、保定保菱變壓器有限公司 66％股權、保定多田冷卻設備有限公司 49％股權、保定惠斯普高壓電氣有限公司 39％股權、三菱電機天威輸變電設備有限公司 10％股權以及部分商標、專利、土地使用權、房屋所有權進行置換。其中，置出資產的評估值合計為約 10 億元，約占當年總資產的 10％；置入資產的評估值合計為約 9.3 億元，約占總資產的 9.39％，兩部分資產價值相差 7,079.5 萬元，由天威集團以現金補足。通過資產置換，合併範圍發生變化，固定資產較年初減少 66.34％，在建工程較年初減少 93.18％；資產置換，置入土地、專利和商標等無形資產，無形資產較年初增加 30.37％。見附表 4-2：

附表 4-2　　　　　　　　天威保變 2013 年資產置換情況

	公司(資產)名稱	評估價格 （萬元）	置入股權比例	相應股比對應的置換價格 （萬元）
置入 資產	天威結構	-2,924.45	100%	-
	天威維修	4,045.81	100%	4,045.81
	保定保菱	19,753.25	66%	13,037.145
	保定多田	13,541.92	49%	6,635.540,8
	保定惠斯普	6,350.35	39%	2,476.636,5
	三菱電視	9,853.29	10%	985.329
	土地	15,234.61	-	15,234.61
	房屋所有權	1,918.7	-	1,918.7
	商標	17,553.35	-	17,553.35
	專利	31,073.22	-	31,073.22
小計	-	-	-	92,960.34
置出 資產	天威長春	16,822.14	100%	16,822.14
	天威風電	48,215.48	100%	48,215.48
	天威葉片	14,901.83	100%	14,901.83
	天威薄膜	20,100.43	100%	20,100.43
小計	-	-	-	100,039.88

　　天威保變大股東保定天威集團有限公司採取支持型資產重組方式將優質資產注入天威保變，同時置出呆滯資產，是資產的雙向流動過程。這種以資產置換資產，餘額用現金補齊的方式，可以使公司在資產重組的過程中節約大量現金。同時，通過資產置換可以有效地進行資產結構的調整，將公司不良資產或是對公司整體收益效果不大的資產剔除掉，將對方的優質資產或者與自己的產業關聯度比較大的資產調整出來，從而有助於盤活資產存量，發揮雙方在資產經營方面的優勢，優化資源配置的效率，提高在自身行業中的競爭力。同時，建立在平等互利基礎之上的資產置換，有助於降低交易成本，提高資產重組的經濟效益和社會效益。此次天威保變置出的資產皆為處於大幅度虧損狀態的新能源資產，而大股東注入的資產則為輸變電資產。財務數據顯示，2013 年 1 月-8 月，天威風電、天威葉片、天威薄膜、天威長春分別虧損約 4.6 億元、1.1 億元、12.4 億元、4,287.52 萬元，合計虧損額高達 18.5 億元。天威保變表示將天威風電、天威葉片等虧損資產置出，有利於調整公司發展戰略，減輕負擔，促進公司的可持續發展。

3. 脫困策略之三：向大股東非公開發行股票

2013 年 6 月 1 日，公司公告披露，公司控股股東保定天威集團有限公司與中國兵器裝備集團公司簽訂了股權轉讓協議，天威集團通過協議轉讓的方式將其所持有的天威保變 352,000,000 股股票轉讓給兵裝集團。2013 年 6 月 14 日，該股權轉讓事項已經完成過戶登記工作。股權轉讓完成後，天威集團持有天威保變 352,280,640 股股票，持股比例 25.66%；兵裝集團持有天威保變 352,000,000 股股票，持股比例 25.64%。天威集團仍為第一大股東，兵裝集團成為公司第二大股東。

隨後，在 2013 年 12 月 6 日，公司又發布公告，將非公開發行股票。發行對象為公司實際控制人中國兵器裝備集團公司，發行後，兵裝集團成為公司第一大股東，仍為本公司實際控製人，實際控製人不會發生變化。本次非公開發行股票數量為 161,616,162 股，全部由發行對象兵裝集團認購。股票的發行價格為 4.95 元人民幣/股，不低於定價基準日前二十個交易日公司股票均價的 90%。為天威保變間接融資 8 億元。非公開發行股票募集資金扣除發行費用後將全部用於補充流動資金。

4. 脫困策略之四：將虧損股權繼續轉出

在 2013 年進行大規模的資產置換後，2014 年 1 月 8 日，公司發布公告稱 2013 年公司輸變電產業較上年有了大幅度增長，公司輸變電產業的快速發展對資金的需求量增加。為了回籠資金，大力支持輸變電產業的發展，天威保變將其持有的保定天威英利新能源有限公司 7% 的股權轉讓給大股東保定天威集團有限公司。轉讓後，公司仍持有天威英利 18.99% 股權。資料顯示，保定天威英利新能源有限公司的經營範圍為：硅太陽能電池及相關配套產品的研製、生產、銷售；銷售天威保變自產產品及技術的出口業務；經營天威保變生產研製所需要的原輔材料、儀器儀表、機械設備、零配件及技術的進出口業務；經營進料加工和「三來一補」業務；太陽能光伏電站工程的設計、安裝、施工。而其主營業務就是硅太陽能電池及相關配套產品的研製、生產、銷售。天威英利在 2012 年和 2013 年 1~10 月淨利潤虧損金額分別高達 6.36 億元、6.15 億元。見附表 4-3 所示：

附表 4-3　　　天威英利 2012 年、2013 年主要財務狀況

項目	2012 年 1-12 月	2013 年 1-10 月
營業收入	174,612.99	112,930.16
利潤總額	-71,089.63	-61,478.90

附表4-3(續)

項目	2012 年 1-12 月	2013 年 1-10 月
淨利潤	-63,646.66	-61,478.90
淨資產	595,873.96	534,395.06

這是繼天威保變與大股東保定天威集團有限公司進行資產置換的後續工作，繼續將不利於公司盈利的股權轉讓出去，在獲得資金的同時，減少對天威英利虧損的承擔，為天威保變進行其他業務盈利做出了貢獻。

兵裝集團通過股權受讓、定向增發和資產置換投入46億元巨資扶持公司，幫助天威保變順利脫離了困境。天威保變在與大股東進行資產置換之後，將新能源相關不良資產剝離出，其主營業務進一步向輸變電業務集中。2015年3月12日，天威保變發布公告稱：公司2014年度審計後歸屬於上市公司股東的淨資產為91,470.08萬元；營業收入389,504.27萬元，歸屬於上市公司股東的淨利潤6,770.78萬元。2015年3月18日，天威保變被撤銷退市風險警示。

四、天威保變的後續發展狀況

天威保變在置出呆滯資產之後，期間費用2014年同比下降，主要原因是公司2013年度期間費用中包含了置出的新能源子公司1-11月份以及破產子公司天威四川硅業有限責任公司全年的期間費用，其中2014年度銷售費用同比下降26.48%，管理費用同比下降39.12%，財務費用同比下降22.86%。三大期間費用的相對大幅度的下降，對淨利潤的提高具有積極的影響。見附圖4-6：

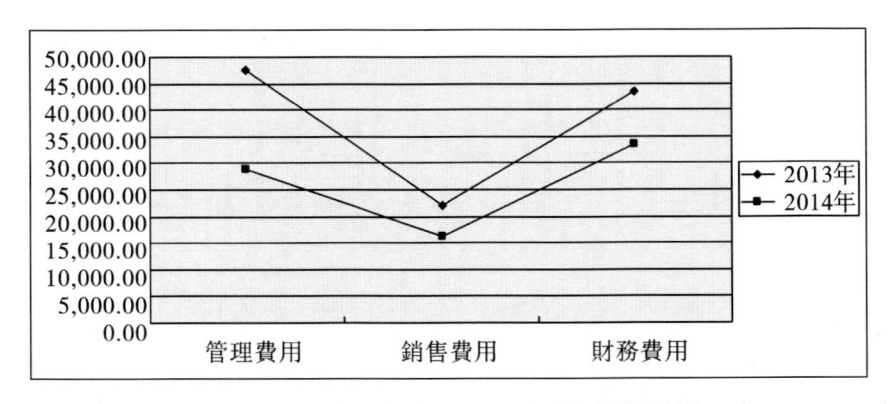

附圖4-6 天威保變2013—2014年度期間費用情況

通過資產置換，置入的輸變電資產有利於公司進一步明確聚焦輸變電產業的戰略定位。完善輸變電產業鏈，強化輸變電產品的生產和配套實力。天威保

變扭虧為盈當年及之後年份的財務狀況見附圖 4-7 至附圖 4-9：

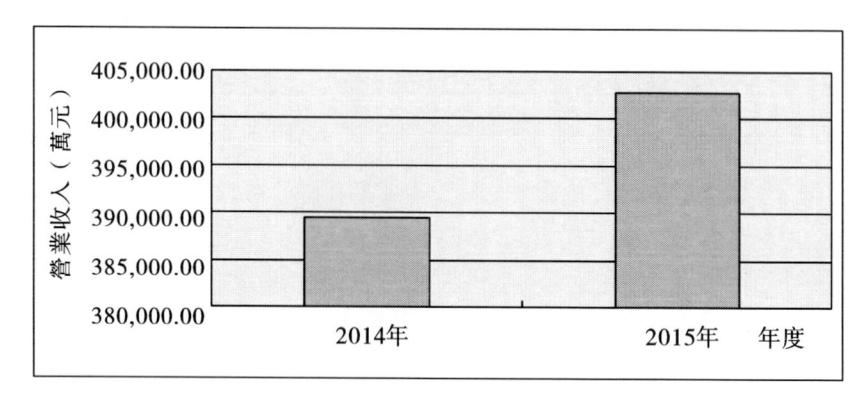

附圖 4-7　天威保變扭虧為盈當年及第 1 年營業收入

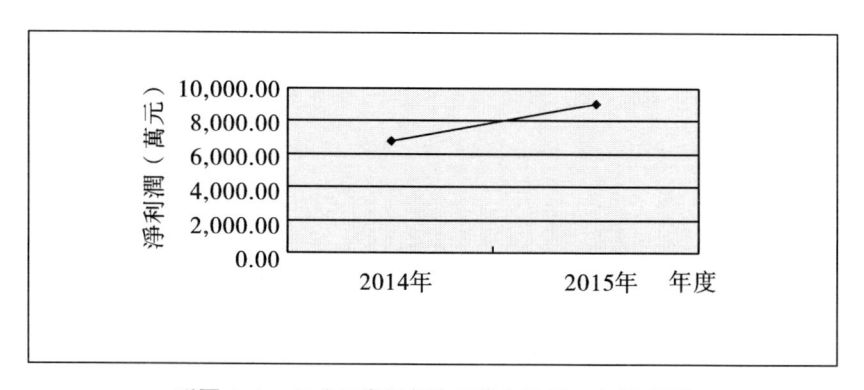

附圖 4-8　天威保變扭虧為盈當年及第 1 年淨利潤

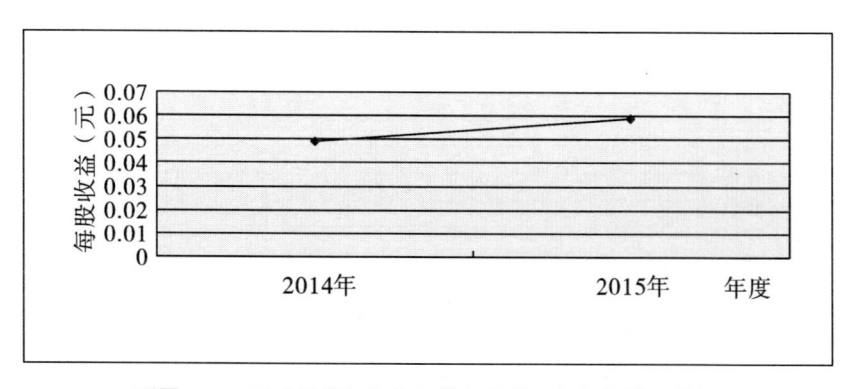

附圖 4-9　天威保變扭虧為盈當年及第 1 年每股收益情況

由圖可知，天威保變自 2014 年成功扭虧為盈並順利摘帽，之後一直處於盈利狀態。2015 年，公司在集中優勢資源鞏固輸變電產業主導地位的基礎上，

堅持以全面預算為牽引，積極推進降本增效工作和成本領先行動計劃，生產經營態勢良好。公司全年實現營業收入 40.27 億元，同比增長 3.4%；歸屬於上市公司股東的淨利潤 9,065.11 萬元，同比增長了 33.89%。每股收益為 0.059 元每股，同比增長 20.41%。見附圖 4-10~附圖 4-12：

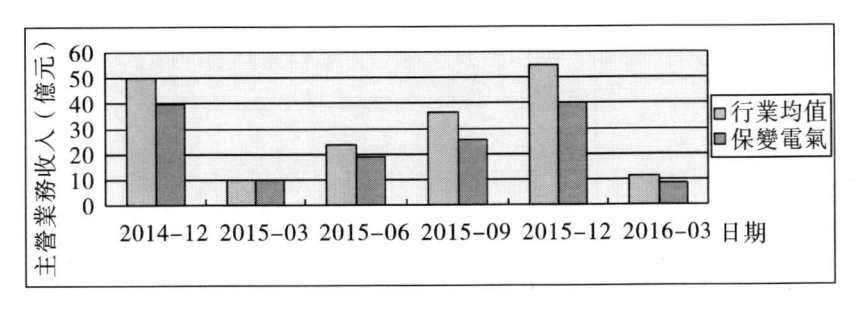

附圖 4-10　天威保變 2014 年 12 月至 2016 年 3 月主營業務收入與行業均值對比情況

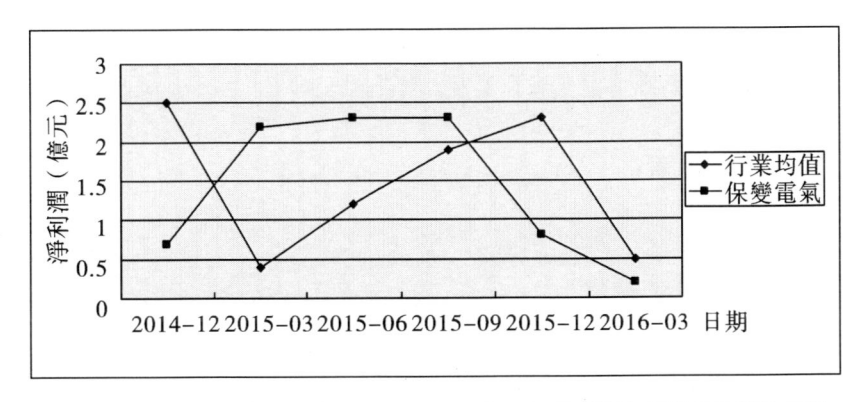

附圖 4-11　天威保變 2014 年 12 月至 2016 年 3 月淨利潤與行業均值對比情況

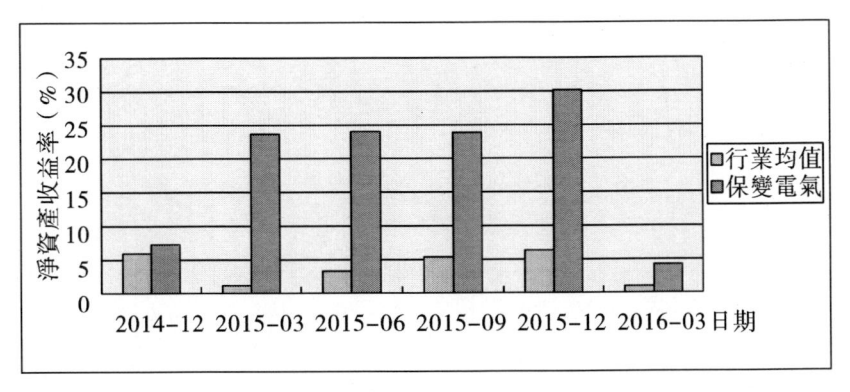

附圖 4-12　天威保變 2014 年 12 月至 2016 年 3 月淨資產收益率與行業均值對比情況

從附圖 4-10、附圖 4-11 可以看出，天威保變從 2014 年扭虧為盈之後，與同行業平均值相比，主營業務收入沒有達到同行業均值水平；淨利潤在 2014 年 12 月份遠低於同行業平均水平，2015 年 1-9 月高於行業平均值，而在之後到 2016 年 3 月略低於行業平均水平。說明天威保變扭虧為盈之後整體水平在同行業中處於平均水平之下。由附圖 4-12 可知，天威保變的淨資產收益率一直比同行業均值高，並且在 2015 年整年都遠遠高於同行業平均值。而淨資產收益率是衡量股東資金使用效率的重要財務指標，即該指標反應的是股東權益的收益水平，用以衡量公司運用自有資本的效率。天威保變該指標值較高，說明投資帶來的收益高。這體現了公司自有資本獲得淨收益的能力比較高。

然而，一個現實問題是，輸變電行業目前存在著產能過剩、產品價格下降的局面。整個行業市場狀況不如以前，因此導致了 2016 年一季度效益的降低。

五、天威保變後續發展建議

（一）把握行業整體趨勢，充分評估風險

天威保變近年來業績受到新能源業務的拖累，主要因為公司管理層對光伏和風電行業的風險預估不足，公司曾在 2006 年年報中預計光伏行業 2010 年之前將保持 30% 以上的高速增長，2010 年至 2040 年的綜合增長率將高達 25%，可見公司對光伏產業過於盲目樂觀，而公司投資的風電行業一直未能盈利，也體現出公司對行業的風險預估不足。在現有產業穩定發展的狀況下，避免盲目擴張，以保住公司現有業績以及整體穩定發展。

（二）明確市場定位，穩定市場佔有率

針對各公司不同的產品特點和市場狀況，明確市場定位，確定主攻產品目標和策略，有針對性地開拓市場；確保市場訂單穩步增長，市場佔有率穩步提升。將優勢產品市場地位進一步穩固。

（三）充分利用資產置換

通過進行資產置換，可以迅速改善被置換公司的產業結構，淘汰流動性差以及閒置的不良資產。天威保變利用資產置換將控股股東兵裝集團以及天威集團的優質資源注入上市公司天威保變當中，同時將天威保變虧損的新能源業務相關資產置出。這樣既有效維護了股東的利益，避免企業從股票市場退市，還可以利用優質資產的注入激發企業的活力，擺脫不良資產的束縛，有效實現資產的保值和增值，為企業的進一步發展奠定基礎。公司應充分利用資產置換帶來的優勢，集中發展主業，提升核心競爭能力。

附錄 5　＊ST 國祥的重組選擇及脫困之路：從＊ST 國祥到華夏幸福

財務困境是許多企業在經營管理中會遇到的普遍問題，在企業經營管理不善的情況下，很容易陷入財務困境。每當企業因經營不善而陷入財務困境時，如何解決目前狀況是一個值得探討的問題。企業陷入財務困境的原因、企業選擇的脫困方式以及企業脫困的績效究竟如何，這對於資本市場的上市公司有著重要的借鑑意義。作為帶有臺資光環的上市公司浙江國祥制冷工業股份有限公司（以下簡稱國祥股份）在 2009 年時陷入嚴重的財務危機，隨後在 2011 年成功脫困。在這次脫困過程中，企業重組方式的選擇發揮了重要作用。

一、公司簡介

國祥制冷工業股份有限公司於 1963 年在臺灣創立，1993 年扎根於浙江上虞，由臺灣省籍自然人陳和貴先生與紹興市制冷設備廠共同出資成立浙江國祥制冷工業股份有限公司。1995 年正式投產，其經營範圍主要為恆溫恆濕機、冷凍機組、冷水機組及其他制冷設備，風機盤管、空氣調節箱及其他空調末端設備，節能環保空氣淨化系統的設計、製造、安裝，銷售自產產品並提供維修及相關信息諮詢服務。1997 年，國祥股份的空調箱被評為國家級重點產品；1999 年國祥股份被評為浙江省區外高新技術型企業。國祥股份一直致力於人性化的企業管理推動公司的改革發展，提高公司的創新力、形象力和核心競爭力。經過四十年的發展，國祥股份取得了良好的經濟效益。

2003 年 12 月 10 日，國祥股份發布招股聲明書，將於 15 日採用全部向二級市場投資者定價配售的方式首次公開發行人民幣普通股，發行價格為 7.3 元/股；12 月 30 日，國祥股份以 4,000 萬 A 股股票在上海證券交易所上市，是國內首家 A 股上市的臺資企業，證券代碼為 600340。上市不久後，由於制冷行業競爭激烈，國祥股份步入了下坡路。在 2008 年，國祥股份便與浙江省交通集團公司籌劃重大資產重組相關事宜，股票連續停牌 14 天，但由於在重組相關過程中，發現該事項條件並不成熟，雙方決定終止重大重組事項。2009 年 5 月 4 日，＊ST 國祥由於連續兩年虧損，實行退市風險警示。2011 年 11 月 2 日，＊ST 國祥重將其全部資產與華夏幸福持有的京御地產 100% 股權進行整體資產置換，成功完成重組，改名為華夏幸福。

二、國祥股份的 ST 之路

自 2000 年起，空調制冷行業發展迅速，競爭逐漸加劇。而國祥股份通過產品結構調整以及新產品開發，取得了良好的經營業績，於 2003 年年底成功上市。ST 國祥本來頂著「臺資第一股」的光環成功上市，但臺灣陳氏家族在國內空調業空前激烈的競爭中逐漸敗下陣來，經營狀況大不如前。受市場容量趨於飽和、境內外競爭者持續進入的影響，該行業生存環境日益惡化，市場認可度急遽下降。受此影響，國祥股份從 2005 年至 2009 年初，每年扣除非經常性損益的業績都是虧損的，經營狀況不容樂觀，公司也漸漸走到了暫停上市的邊緣，無奈之下，陳氏家族只能選擇賣殼給華夏幸福基業。見附表 5-1：

附表 5-1　　國祥股份 2004—2009 年主要財務數據

年份	淨資產(元)	年累計收入(元)	總資產(元)	負債(元)	年累計淨利潤(元)
2004	392,555,410	179,524,769	489,440,026	91,884,615	11,253,338
2005	350,293,540	160,854,038	464,536,212	109,154,149	-22,261,870
2006	336,234,355	223,255,713	438,108,553	99,376,473	7,166,941
2007	303,841,536	306,357,052	468,079,620	160,730,590	-32,181,894
2008	265,022,337	302,077,920	377,196,871	111,437,832	-38,819,198
2009	272,487,593	183,384,194	340,167,651	67,680,058	7,465,255

如附表 5-1 所示，從 2004 年至 2009 年，國祥股份的淨資產和總資產整體呈減少趨勢，淨資產由 392,555,410 元降至 272,487,593 元，總資產由 489,400,026 元降至 340,167,651 元。可以看出企業的資產規模逐年減少，股東權益也逐年減少，然而負債卻並非如此，從表中可以看出，企業 2007 年負債高達 160,730,590 元，遠遠高於 2004 年的 91,884,615 元，企業資本結構發生變化，表明企業對負債的依賴性越來越強。雖然在 2004—2008 年，其累計收入呈上升趨勢，但淨利潤卻非同樣趨勢上漲，2005 年、2007 年和 2008 年出現嚴重虧損，國祥股份在 2005 年虧損 22,261,870 元，2007 年、2008 年分別虧損 32,181,894 元和 38,819,198 元，三年虧損累計達 93,262,962 元。此外，2006 年在扣除大額營業外收入後，淨利潤也出現負值，表明企業的盈利能力堪憂。在連續兩年的大額虧損後，企業的發展狀況大不如前。

從附圖 5-1、附圖 5-2、附圖 5-3 可以看出，2004—2009 年之間國祥股份的淨資產收益率、銷售淨利率、總資產報酬率處於波動狀態，且波動幅度較

大。由於其淨利潤出現負值，與淨利潤相關的淨資產收益率、銷售淨利率、總資產收益率於 2005 年、2007 年和 2008 年也出現負值情況。淨資產收益率最低達-13.76%，銷售淨利率最低達-13.84%，總資產淨利率最低達-10.29%，表明企業的盈利能力出現很大問題。

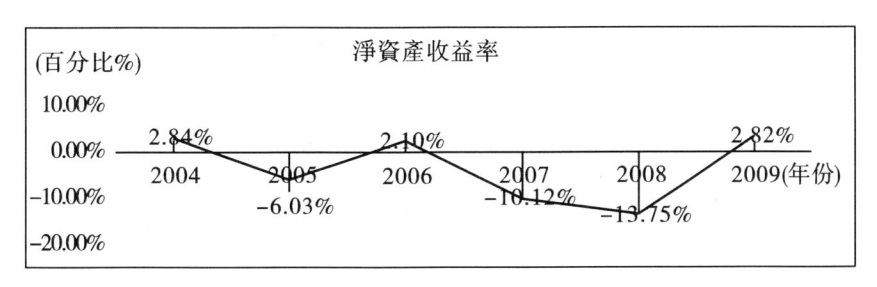

附圖 5-1 ST 國祥重組前淨資產收益率

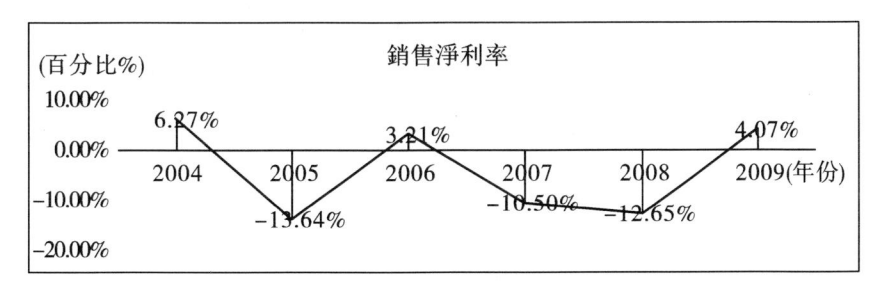

附圖 5-2 ST 國祥重組前銷售淨利率

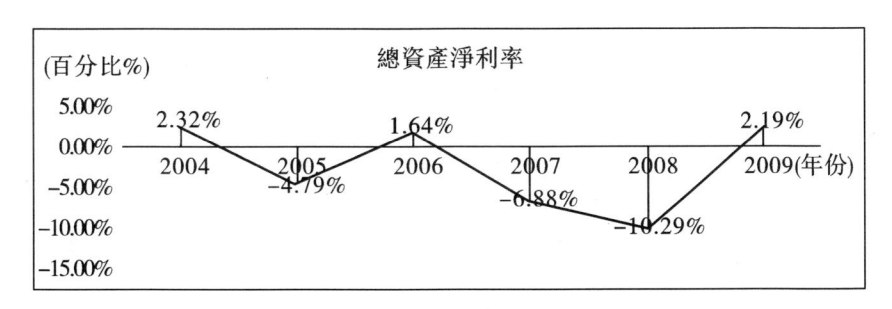

附圖 5-3 ST 國祥重組前總資產淨利率

如附圖 5-4 所示，自 2004—2009 年，ST 國祥的每股收益一直處於波動狀態下，最高值為 2004 年的 0.08，2005、2007 以及 2008 年出現負值分別為-0.15，-0.22，-0.27，可以看出企業的經營狀況不佳。由於企業的連年虧損金額巨大，2006 年短暫的恢復並沒有抵擋住企業虧損的趨勢，在 2007 年與 2008 年連續兩年虧損後，2009 年 1 月至 4 月，國祥股份持續虧損，淨利潤為

-1,234.04萬元。由於其主營業務盈利能力低，公司經營面臨極大困難，面臨退市風險。2009年5月4日，根據《上海證券交易所股票上市規則》，被上海證券交易所實施退市風險警示的特別處理，公司股票簡稱由「國祥股份」變更為「＊ST國祥」。

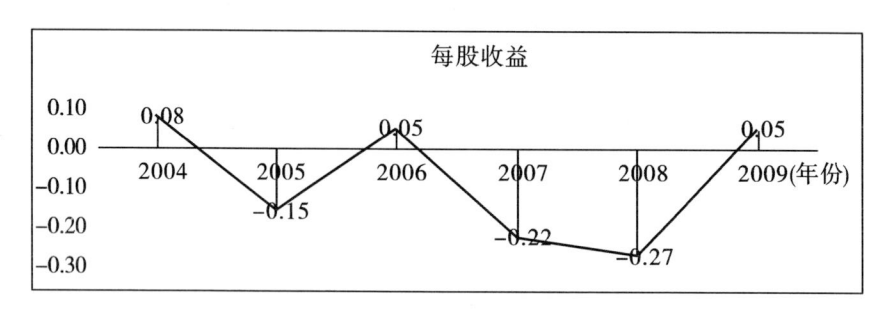

附圖 5-4　ST國祥重組前每股收益

三、＊ST國祥的脫困之路

經過一系列虧損風波之後，＊ST國祥股價持續走低，同時由於被特殊處理而面臨著退市風險。面臨該局面，＊ST國祥選擇了企業重組。其實，早在2009年9月9日，＊ST國祥便發出重組公告，但重組一事被擱置了兩年，直至2011年才得到證監會批覆，成功完成重組，使得＊ST國祥成功摘帽。

（一）重組方式

重組方式分為支持性重組，放棄性重組和自我調整重組。這三類重組方式的主要區別在於是否接受外界幫助和控股股東是否發生變化。企業面臨困境時，應當根據情況的不同分析利弊，選擇最適合企業發展的重組方式，重組方式的選擇很可能決定了企業未來的發展狀況。＊ST國祥在面臨危機時，選擇了放棄性重組。

放棄性重組是財務困境公司控股股東通過出售股權，變更控股股東的方式來完成對財務困境公司利潤輸送的一種重組方式。國祥股份正是通過放棄性重組。將完成資產置換，剝除劣質資產，成功重組。根據＊ST國祥的重大資產重組報告書，公司以全部資產及負債與華夏幸福基業持有的京御地產100%股權進行整體資產置換，置入資產、置出資產評估淨值分別為16.7億元和2.66億元，公司向華夏幸福發行股份購買置換差額。通過100%資產置換的方式，為國祥股份帶來了優質資產。同樣，國祥股份也為華夏幸福提供了一個優質的殼資源助其成功上市。

(二) 重組步驟

2011年8月29日，國祥股份發布公告稱，收到證監會對公司向華夏幸福發行3.55億股購買相關資產的批覆文件。這意味著，華夏幸福借殼＊ST國祥上市塵埃落定。在此之前，借殼上市早有預兆。其實重組方案早就在2009年6月份提出，但是由於地產調控的因素，借殼的進程一直處於被擱置狀態。重組方案提出之前，京御地產進行了兩次「突擊增資」——於2009年2月和4月各增資2億元，註冊資本金達到了7億元。同時，華夏幸福基業也將住宅和園區兩大資產包撥入京御地產中，基本相當於集團地產業務的整體上市。

在此期間，華夏幸福2009年度經會計師審計的審計報告顯示，歸屬於上市公司股東的淨利潤為7,465,255.23元，歸屬於上市公司股東的扣除非經常性損益後的淨利潤為-2,037,420.57元。根據《上海證券交易所股票上市交易規則》的規定，符合撤銷退市風險警示及實施其他特別處理的條件。2010年7月1日，＊ST國祥更名為「ST國祥」。2010年企業淨利潤為2,214,834.92元歸屬於上市公司股東的扣除非經常性損益後的淨利潤為-136,499.76元。從中可以看出，這兩年的淨利潤均包含非經常性損益，淨利潤值不足以反應企業的真實狀況，企業的盈利狀況依舊存在問題，企業仍需要重組來掙脫財務困境，而重組事件卻被一再擱置，直至2011年又被提出。

2011年8月29日，公司收到證監會批覆文件，核准公司向華夏幸福發行3.55億股購買相關資產；同日，華夏幸福申請豁免要約收購也獲得核准，地產公司借殼上市終獲得證監會放行。同時華夏幸福承諾，ST國祥2011年至2013年的淨利潤將分別達到9.49億元、12.84億元和14.71億元，如果未達成將以股份方式補償股東。

鑒於公司重大資產置換及發行股份購買資產事項已於8月26日獲得證監會核准，經與本次發行股份購買資產的交易對方華夏幸福基業股份有限公司協商，確認同意以2011年6月30日為資產交割審計基準日，由審計機構對置出資產即浙江國祥原有全部資產和負債、注入資產即華夏幸福持有的京御地產100%股權進行交割審計，並以交割審計結果為基礎，公司與華夏幸福在9月8日（即交割日）辦理置出資產、置入資產相關交割手續和簽署《資產交割確認書》。與此同時，ST國祥展開新舊高管大交接的工作。公司總經理陳根偉、常務副總經理孟玉振、財務負責人孟慶林向公司董事會提出辭呈；華夏幸福一干人被委以重任，並經ST國祥董事會審議通過。見附表5-2：

附表 5-2　　　　　國祥股份的困境與脫困變動情況表

變動前的證券簡稱	變動後的證券簡稱	變動公布日期	變動原因	執行日期
國祥股份	*ST 國祥	2009-04-30	兩年虧損	2009-05-04
*ST 國祥	ST 國祥	2010-06-30	恢復上級狀態	2010-07-01
ST 國祥	華夏幸福	2011-11-01	恢復上級狀態	2011-11-02

由於 ST 國祥依然算是一個比較乾淨的殼，華夏幸福基業的這次借殼以「資產置換+定向增發」的方式進行，不僅未動用一分錢的現金，而且獲得不菲的帳面收益。此次重組，*ST 國祥置出資產評估淨值約為 2.66 億元，較合併淨資產帳面值增值 1,285 萬元，增值率為 5.09%。而華夏幸福擬注入的京御地產 100% 股權評估淨值為 16.69 億元，較合併淨資產帳面值增值 9.44 億元，增值率為 130.25%。

2011 年 11 月 1 日，在華夏幸福成功買殼後，「ST 國祥」成功摘帽，改名為「華夏幸福」。公司股票日漲跌幅限制由 5% 恢復為 10%。公司股票 11 月 2 日復牌，這標誌著公司馬拉松式的重組畫上了句號。

(三) 重組之後的改變

ST 國祥在完成一系列重組後，2011 年 10 月 15 日，公司名稱由「浙江國祥制冷工業股份有限公司」變更為「華夏幸福基業投資開發股份有限公司」。2013 年 1 月 11 日，公司名稱由「華夏幸福基業投資開發股份有限公司」變更為「華夏幸福基業股份有限公司」。其實 ST 國祥不僅是名稱發生了改變，大股東與股權結構也隨之發生了巨大變化。由於大股東的改變，新鮮活力注入企業，隨著新股東的到來，國祥股份的主營業務也隨之改變。

1. 股權結構改變

2009 年 6 月 22 日，國祥股份第一大股東陳天麟將其所持有的 21.31% 的股份轉讓給華夏幸福基業控股股份公司，此次股份轉讓後，華夏控股成為公司第一大股東。2010 年 5 月，公司類型由原「股份有限公司（臺港澳與境內合資、上市）」變更為「股份有限公司（上市）」。在此之後，國祥股份向上海證券交易所提出申請，股票名稱由「*ST 國祥」變為「ST 國祥」。2011 年 10 月，國祥股份更名為華夏幸福基業投資開發股份有限公司（股票簡稱「華夏幸福」），2012 年更名為華夏幸福基業股份有限公司。

自 2003 年上市以來至 2006 年 2 月，國祥股份第一大股東和實際控製人為陳和貴先生，持有 27% 的股權份額。2006 年 2 月 20 日，陳天麟受讓陳和貴持有的 27% 全部公司股權，成為國祥股份第一大股東和實際控製人。2006 年 3

月 29 日，國祥股份股東大會通過了股權分置改革方案，對價安排為全體非流通股股東每 10 股送 3 股，並且公司減少註冊資本人民幣 4,675,325.00 元，公司以擁有的上海貴麟瑞通信設備有限公司 90% 的股權回購陳天麟先生持有的 4,675,325 股非流通股股份。到 2006 年年末，陳天麟持有 33,815,465 股上市公司股票，占上市公司總股本的 23.27%。2009 年 6 月 2 日，陳天麟出售其所持有的國祥股份的無限售條件流通股 285,000 股，交易股份占總公司股本的 1.96%。如附圖 5-5 所示，到 2009 年為止，陳天麟持有國祥股份 21.31% 股權，鼎基資本管理有限公司持有國祥股份 1.96% 的股權，剩餘 76.73% 股權由流通股股東持有。國祥股份持有浙江國祥、東莞國祥、成都國祥、國祥空調設備公司 100% 的股權，完全控股。見附表 5-3：

附表 5-3　　　國祥股份重組前控股股東股份變動表

時間	持股人	變動原因	持股數量(股)	持股比例(%)
2003-12-30	陳和貴	發行上市	27,000,000	27.00%
2006-06-02	陳天麟	父子間股份轉讓	27,000,000	27.00%
2006-06-12	陳天麟	股權分置改革	22,181,013	23.27%
2006-07-12	陳天麟	資本公積轉增股本	33,815,465	23.27%
2009-02-12	陳天麟	股份出售	30,965,465	21.31%

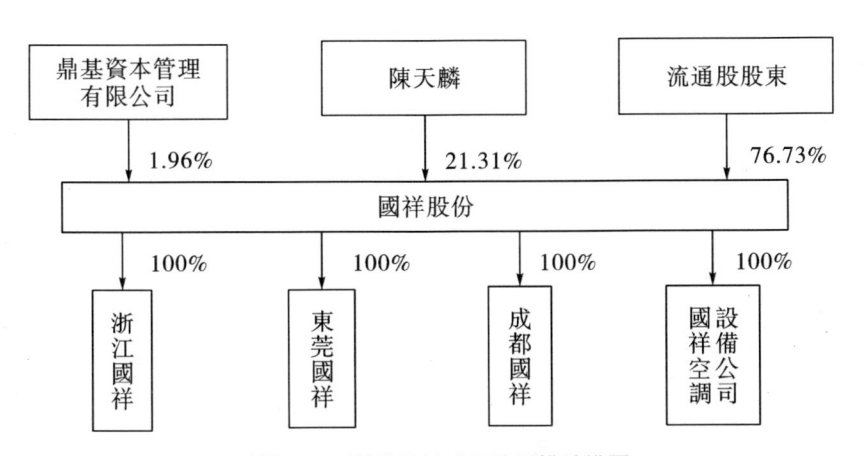

附圖 5-5　國祥股份重組前股權結構圖

直到 2009 年 6 月 22 日，陳天麟與華夏幸福簽署《股份轉讓協議》，將其持有的 21.31% 的股份轉讓給華夏幸福基業股份有限公司，華夏幸福基業股份有限公司成為公司第一大股東，持有國祥股份 68.88% 的股權，公司實際控製

人為王文學，鼎基資本管理有限公司持有 0.78%的股權，剩餘流通股股權降低為 30.35%，具體股權結構如附圖 5-6 所示。2011 年 10 月，公司第一大股東華夏幸福基業股份有限公司更名為華夏幸福基業控股股份公司，自此，華夏幸福第一大股東一直為華夏控股，股權結構未發生實質性變化。

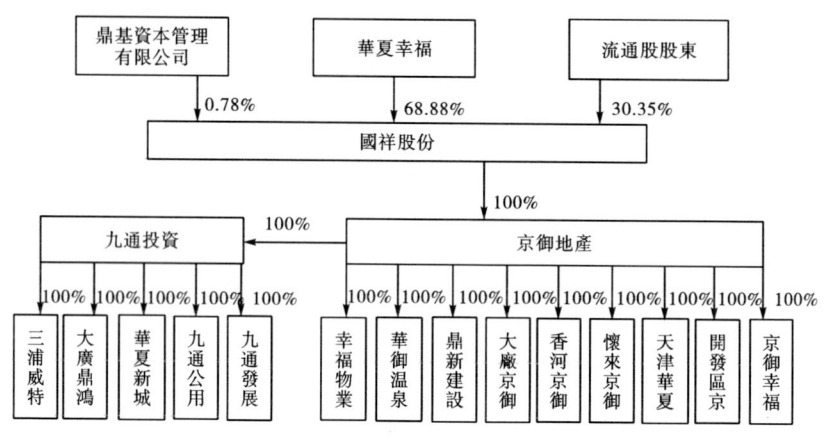

```
              鼎基資本管理            華夏幸福              流通股股東
                有限公司
                    │0.78%            │68.88%             │30.35%
                    └─────────────────┴───────────────────┘
                                       │
                                    國祥股份
                          ┌────────────┴────────────┐
                       100%│                      100%│
                    九通投資 ◄──100%── 京御地產
        ┌────┬────┬────┬────┐     ┌────┬────┬────┬────┬────┬────┬────┐
      100% 100% 100% 100% 100%   100% 100% 100% 100% 100% 100% 100%
       三   大   華   九   九     幸   華   鼎   大   香   懷   天   開   京
       浦   廣   夏   通   通     福   御   新   廠   河   來   津   發   御
       威   鼎   新   公   發     物   溫   建   京   京   京   華   區   幸
       特   鴻   城   用   展     業   泉   設   御   御   御   夏   京   福
```

附圖 5-6　國祥股份重組後股權結構圖

2. 主業改變

在大股東發生改變後，國祥股份的經營範圍由原來的「恆溫恆濕機、冷凍機組、冷水機組及其他制冷設備，風機盤管、空氣調節箱及其他空調末端設備，節能環保空氣淨化系統的設計、製造、安裝，銷售自產產品並提供維修及相關信息諮詢服務」變更為「對房地產、工業園及基礎設施建設投資；房地產仲介服務、提供施工設備服務；企業管理諮詢；生物醫藥研發，科技技術推廣、服務」，證券代碼維持不變。國祥股份先前從事的制冷行業由於競爭激烈，而國祥股份在競爭過程已經處於劣勢，已經無法繼續上市。雖然房地產行業在 2011 年已經步入逆增長階段，但由於華夏幸福大量的優質土地儲備以及京津冀一體化趨勢的推動，使華夏幸福成為房地產行業中佼佼者。雖然是兩個完全不相干的行業，但通過重組方式將二者聯繫在了一起，ST 國祥借機賣殼，華夏幸福成功買殼，實現了共同利益。ST 國祥在賣殼後，主營業務便從制冷行業變為了房地產行業。

自此之後，ST 國祥便發展勢頭良好，其股價也一直保持上漲趨勢。在企業重組消息傳出時，股價便連續漲停多次。在成功完成重組後，更是勢如破竹。憑藉其以市場化的運作模式進行城市規劃、產業促進、基礎設施建設、配套服務、城市營運等職能，使一個區域從無到有、從低到高地發展起來的獨特經營模式，華夏幸福取得了成功。截止到今日，其股價已從當初跌落至幾毛一

股漲為二十幾元一股,翻了幾十倍,財務困境不復存在。

四、脫困後績效

華夏幸福基業股份有限公司創立於 1998 年,是中國領先的產業新城營運商。華夏幸福致力於成為全球產業新城的引領者,基於產業新城模式本身特有的開放性平臺屬性,整合內外部資源,推動全方位、多形式的合作共贏,成就「以企業服務為核心」的平臺型業務生態體系。2011 年 11 月 1 日,整合優質資產,實現規模發展,完成資產上市,華夏幸福登上了資本市場的新舞臺。華夏幸福自買殼上市後,業績持續高增長。在京津冀一體化過程中,華夏幸福由於儲備了大量北京七環土地,獲得巨額利潤,股價漲幅高達80%。縱觀華夏近幾年的發展,其經營狀況愈來愈好,盈利水平也大幅提高。見附表 5-4:

附表 5-4　　　華夏幸福重組後主要財務數據表

年份	淨資產(元)	營業收入(元)	總資產(元)	負債(元)	淨利潤(元)
2011	2,786,386,789.68	7,790,006,804.62	27,579,843,007.60	23,571,008,273.27	1,357,969,727.64
2012	4,316,441,933.73	12,076,941,011.04	43,193,448,032.69	38,234,854,258.78	1,783,624,332.26
2013	6,650,423,919.24	21,059,753,648.07	74,093,810,903.27	64,138,570,566.48	2,714,894,781.44
2014	9,793,565,161.37	26,885,548,491.46	113,964,189,090.04	96,567,913,330.45	3,537,537,462.28
2015	13,526,785,246.48	38,334,689,695.10	168,623,352,113.69	142,993,351,996.41	4,800,773,031.39

由上表可以看出華夏幸福從 2011 年買殼上市以來,一直處於盈利狀態,資產與負債也逐漸增加,2011 年總資產為 27,579,843,007.60 元,2015 年已達到 168,623,352,113.69 元;2011 年負債為 23,571,008,273.27 元,2015 年已上升至 142,993,351,996.41 元,資產和負債均為 2011 年的 6 倍之多,資產和負債的快速上升是由於企業發展勢頭良好,企業進入快速擴張階段。淨資產由 2011 年的 2,786,386,789.68 元上升至 2015 年的 13,526,785,246.48 元,上升了 10,740,408,456.8 元,淨資產的上升是由於企業的總體規模不斷擴大,股東投入也隨之增加。同樣,其營業收入由最初的 7,790,006,804.62 元達到了 38,334,689,695.10 元,創收能力逐年提升。在經過 4 年的發展與規模擴張後,華夏幸福的年淨利潤已由 2011 年的 1,357,969,727.64 元上升至 4,800,773,031.39 元,與重組前的連續兩年總計近 7,000 萬的巨額虧損相比,變化之大令人驚訝。

如附圖 5-7 所示,華夏幸福的淨資產、營業收入、總資產、淨利潤每年都大幅上升,與重組前的數據相比更是發生了翻天覆地變化。淨資產幾乎每年增

長率都大於 40%，最低時為 38.12%，最多時高達 54.91%，表明股東權益大幅上升，股東對企業的發展狀況看好。歷年總資產增長率高達 50%，甚至於 70%，表明企業擴張速度飛快，發展能力良好，競爭力很強。從圖中可以看出，華夏幸福的總資產增長速度曲線與負債增長速度曲線相近，說明企業負債的增長速度與資產的增長速度大致相同。同樣，根據總資產與負債增長比率相差不多，表明企業的股東權益以相似比率增長的速度增長，企業的負債比率相對穩定。企業的營業收入每年的增長速度較不穩定，最低時為 27.66%，最高時達 74.38%，但持續的高增長表明企業的創收能力良好。華夏幸福的淨利潤增長速度大都在 30%左右，只有在 2013 年時達到了 50%，增長速度較穩定，盈利水平逐年提升。從圖中可以看出，雖然企業的淨資產、營業收入、總資產、淨利潤、負債每年均快速增長，但從整體來看企業的淨資產、總資產、負債的增長速度逐漸變緩，說明企業的增長速度有所變緩，而這與房地產行業整體狀況的不景氣息息相關。雖然如此，華夏幸福的發展能力已經遙遙領先於行業中的多數企業。

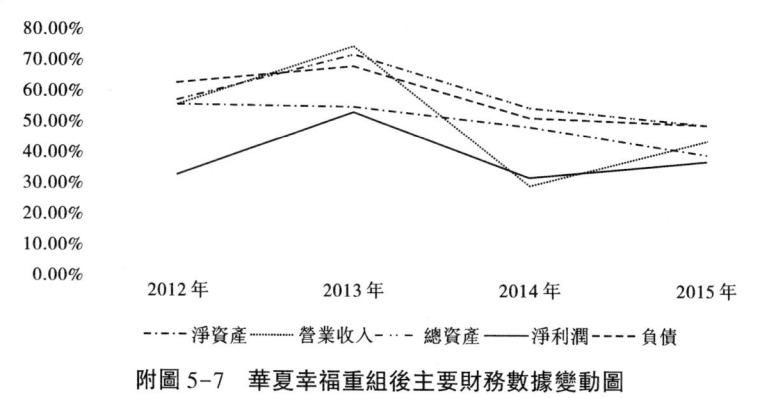

附圖 5-7　華夏幸福重組後主要財務數據變動圖

通過附圖 5-8 中的資產負債率曲線可以看出，自 2011 年至 2015 年，華夏幸福的資產負債率相對穩定，一直維持在 85%左右，最低時為 84.74%，最高時為 88.52%。就企業歷年的資產負債狀況來看，並沒有什麼不妥，但是眾所周知，85%的資產負債率是一個相當高的數值，說明企業幾乎靠負債來支撐。雖然房地產行業存在資產負債率普遍較高的情況，但 85%的資產負債率還有鮮有。對比國內同行業的資產率，發現國內同行業的資產負債率平均值在 60%左右。對於發展較好的萬科與恒大也在逐漸降低資產負債率，控制財務風險，華夏幸福卻穩居 85%不下。也就是說，相對於行業負債水平而言，華夏幸福的資產負債率仍相對較高，這就表明華夏幸福的高資產是由於高負債所造成的，而高資產負債率必然帶來高風險。究其原因，不難發現，由於華夏幸福近幾年來

發展勢頭良好，便不斷擴大業務規模，因此借款金額大幅增加，導致資產負債率居高不下。雖然華夏幸福發展勢頭良好，但如此高的資產負債率仍像埋了一個不定時炸彈，處處需要謹慎，一不留神便可能引發財務危機。

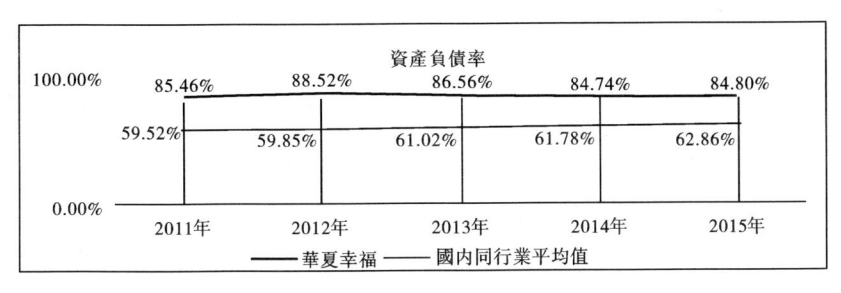

```
                           資產負債率
100.00%   85.46%    88.52%    86.56%    84.74%    84.80%
          59.52%    59.85%    61.02%    61.78%    62.86%
  0.00%
          2011年    2012年    2013年    2014年    2015年
              ——— 華夏幸福    ——— 國內同行業平均值
```

附圖 5-8　華夏幸福重組後資產負債率對比圖

通過對華夏幸福近五年來的銷售淨利率進行對比，發現其銷售淨利率呈下降趨勢，由 2011 年 17.43%降至 2015 年的 12.52%，雖然從數字上來看，華夏幸福的盈利能力有所下降。但由於整個房地產行業正處於低迷時期，許多房地產公司經營狀況不甚樂觀。其中，房地產行業中的領軍者萬科與恒大銷售淨利率整體也呈下降趨勢，萬科房地產淨利率由 13.41%下降至 9.27%，恒大銷售淨利率由 18.38%下降至 13.02%。從附圖 5-9 可以看出，近幾年華夏幸福的銷售淨利率均高於萬科，除了 2014 年以外，均與恒大不相上下。表明華夏幸福的銷售淨利率仍高於整個行業的平均水平，對於整個行業而言，華夏幸福的盈利能力良好。

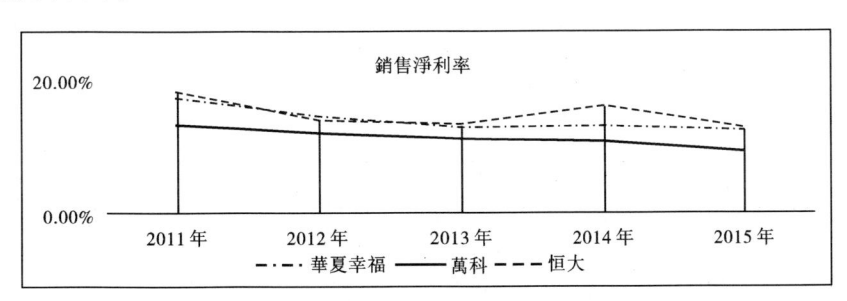

```
                           銷售淨利率
20.00%
 0.00%
          2011 年    2012 年    2013 年    2014 年    2015 年
              —·— 華夏幸福    ——— 萬科    - - - 恒大
```

附圖 5-9　華夏幸福重組後銷售淨利率對比圖

由附圖 5-10 可以看出，華夏幸福淨資產收益率曲線呈逐年下降趨勢，2011 年淨資產收益率為 48.74%，2012 年便降到 41.32%，下降幅度偏大，在此之後，便呈緩慢下降趨勢。從整體的角度來說，華夏幸福的淨資產收益率在這五年間，從 48.74%下降到 35.49%。雖然從個體上來說，華夏幸福的盈利能力沒有以前年度好。但根據圖中行業平均水平曲線來看，整個行業的平均淨資

產收益率由 9.55% 降低到 3.29%，說明淨資產收益率下降是整個行業的普遍趨勢。此外，華夏幸福的淨資產收益率遠遠超過行業平均水平，到 2015 年，華夏幸福的淨資產收益率已達行業平均水平的 10 倍之多，表明了華夏幸福相對於行業平均水平而言，發展良好。同樣，對比華夏幸福與萬科、恒大地產的淨資產收益率，發現華夏幸福的淨資產收益率遠高於二者，說明華夏幸福的股東獲取投資報酬能力較強，企業的盈利能力相較於其他同行業企業良好。

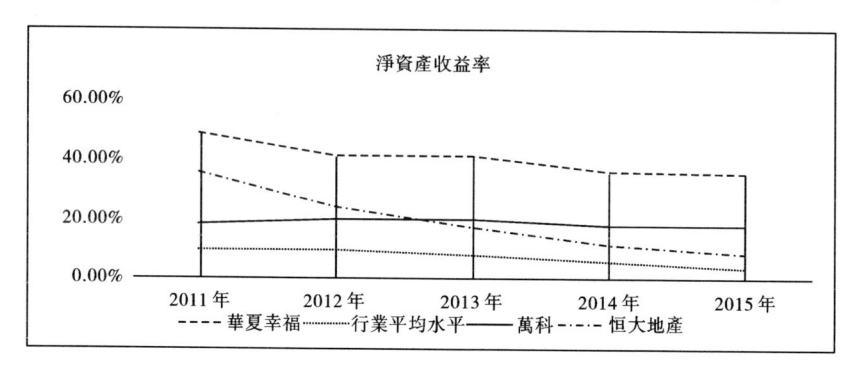

附圖 5-10　華夏幸福重組後淨資產收益率對比圖

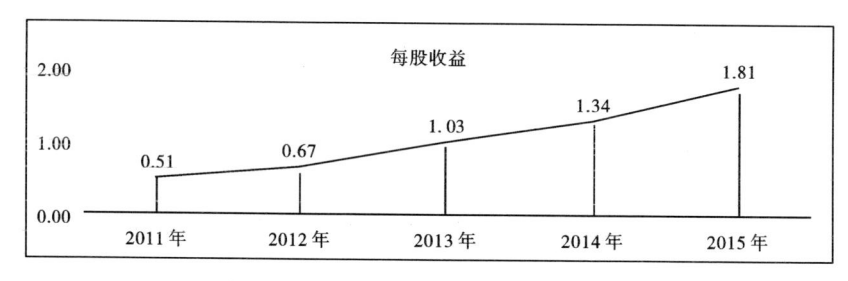

附圖 5-11　華夏幸福重組後每股收益

2015 年 5 月 4 日，華夏幸福通過送股方式，股本由 1,322,879,715.00 增加至 2,645,759,430.00，稀釋了股本，降低了股價。同樣，送股可以向股東傳遞公司管理當局預期盈利將繼續增長的信息，並活躍股份交易。華夏幸福由於送股，衝淡了每股收益。但從整體形勢而言，華夏幸福仍處於高速發展階段。由附圖 5-11 中的每股收益曲線圖可以看出，從 2011 年到 2015 年，華夏幸福重組後的每股收益快速增長，由 0.51 連續上升到 1.81，與重組前的多次出現負值相比，發生了質的飛躍。此外，華夏幸福在高速發展的狀況下，市值已達到七百多億，相對於重組之前的「ST 國祥」而言，可謂是巨大成功。

由以上分析可以發現在華夏幸福完成企業重組後，企業雖然面臨著高負債的風險，但由於企業的盈利狀況良好，而且正在處於高速發展階段，企業的高

負債被用來支撐企業的發展，加速企業擴張。與同行業相比，華夏幸福的盈利能力和發展能力遙遙領先，這與企業的戰略定位有著密切的關係，公司提出的產業新城和城市產業綜合體等建設理念，避開了與房產巨頭的正面交鋒，從而保持企業自身的發展，進一步推動了華夏幸福基業在房地產企業中的穩健發展。

華夏幸福的高速發展不僅能夠通過財務數據體現，在國內一些權威機構統計出的國內房地產行業排名中，華夏幸福也名列前茅。在中國房地產業協會與中國房地產測評中心聯合發布的中國房地產500強中，華夏幸福的綜合實力躋身前十，營利性排名第二。此外，在北京舉行的「2016中國房地產百強企業研究成果發布會暨第十三屆中國房地產百強企業家峰會」中，華夏幸福2016年一季度以225.1億元的銷售金額與195.2萬平方米的銷售面積均位列前十，具體數據如附表5-5所示。

附表 5-5　　　　　　　　國內房地產行業排名

排名	綜合實力	營利性	銷售金額（億元）		銷售面積（萬平方米）	
1	萬科地產	中海地產	萬科地產	725.2	恒大地產	755.8
2	保利地產	華夏幸福	恒大地產	669.7	碧桂園	635.1
3	恒大地產	保利地產	綠地集團	475.5	萬科地產	533.0
4	中海地產	旭輝集團	碧桂園	465.0	綠地集團	459.0
5	綠地集團	龍光地產	保利地產	438.9	百里地產	340.7
6	碧桂園	三盛宏業	中海地產	381.3	中海地產	301.5
7	綠城集團	卓越置業	華潤置地	265.4	華夏幸福	195.2
8	華潤置地	中冶置業	華夏幸福	225.1	華潤置地	187.2
9	龍湖地產	杭州濱江房產	融創中國	196.9	萬達集團	180.7
10	華夏幸福	國瑞置業	金地集團	195.1	金地集團	123.2

以上數據表明，「ST國祥」摘帽變成「華夏幸福」之後，企業的經營狀況良好，成功的扭虧為盈並發展迅速。其實，自2011年摘帽以來，華夏幸福就一直是資本市場上追捧的超級「牛股」，股價翻了幾番，市值穩步激進，業績遙遙領先於同行業其他企業。華夏幸福借殼成功的主要原因在於重組是在2009年6月禁令前提出，並且符合國家產業戰略政策的大方向，從而使ST國祥起死回生，飛速發展，其買殼成功的事件也可以說是一次成功借殼的典範。此外，華夏幸福之所以成為牛股，與企業自身的發展狀況以及盈利模式密切相

關，其成功之處值得我們借鑑。

　　ST國祥的成功脫困源於選擇了放棄性重組方式，這告訴我們，企業在面臨財務困境時，要選擇合適方式脫困，究竟是支持性重組，還是放棄性重組，或者是自我重整型重組，要根據企業的自身情況而定。ST國祥由於經營業績不佳，處於被迫退市邊緣，正是由於選擇了放棄性重組，賣殼成功，注入了新鮮活力，從而起死回生。而華夏幸福也在買殼上市後，取得了良好的業績。ST國祥在面對財務困境時選擇了適合自己的重組方式，公司成功脫困，獲得了更好的發展。可見，上市公司在面臨財務困境時，處理方式的選擇極其重要，選擇適合企業的重組路徑，方可成功脫困。

附錄6 *ST建通脫困路徑及脫困後業績狀況

一、華夏建通的歷史簡介

(一) 歷史沿革

華夏建通全稱為華夏建通科技開發股份有限公司（以下簡稱：華夏建通或公司），始建於1958年，公司前身為邢臺冶金機械修造廠，1981年6月更名為邢臺冶金機械軋輥廠；1993年3月經批准，由邢臺冶金機械軋輥廠獨家發起，採取定向募集方式設立了邢臺軋輥股份有限公司（以下簡稱：邢臺軋輥）；1995年5月26日經批准，按照主輔分離的原則對公司進行重組，由原來的整體改制變為主體改制，股本總額由15,600萬元減少至12,480萬元。

公司經中國證券監督管理委員會發審字［1999］92號文批准，1999年8月4日向社會公開發行人民幣普通股A股股票4,500萬股，並於1999年10月14日在上海證券交易所上市交易，證券簡稱「邢臺軋輥」，證券代碼為600149。

2003年12月26日，經公司臨時股東大會批准，同意將公司名稱由「邢臺軋輥股份有限公司」變更為「華夏建通科技開發股份有限公司」（證券簡稱：華夏建通）。

2012年3月22日，公司名稱由「華夏建通科技開發股份有限公司」變更為「廊坊發展股份有限公司」（證券簡稱：廊坊發展）。

廊坊發展自1999年上市以來的主營業務的變化情況如下：邢臺軋輥股份有限公司的主營業務為各類軋輥的設計製造及銷售。華夏建通科技開發股份有限公司的主營業務為：各類軋輥的設計製造及銷售；通信器材銷售；計算機網路系統集成及技術開發、技術諮詢、技術服務、技術轉讓；鋼錠、鋼坯、鋼材、生鐵的生產與銷售；房地產信息諮詢；房屋租賃。廊坊發展股份有限公司的主營業務為：房屋租賃、招商引資服務、園區投資、建設、營運項目管理及諮詢；銷售建築材料、電子產品、電子軟件、家用電器、電氣設備、計算機及輔助設備、通訊及廣播電視設備、機械設備、通用設備、金屬製品、家具。

截至2015年12月31日，廊坊發展所屬行業為S90綜合行業。

(二) 股權結構

邢臺軋輥1999年8月4日向社會公開發行人民幣普通股A股股票4,500

萬股，總股本增至 16,980 萬股，並於 1999 年 10 月 14 日上市交易。控股股東為邢臺機械軋輥（集團）有限公司（以下簡稱：邢機集團），持股比例為 57.48%。

邢臺軋輥的第一次重組是 2003 年，邢機集團將所持有的本公司的國家股 8,863.56 萬股轉讓給華夏建通科技開發集團有限責任公司（以下簡稱：華夏建通集團），同時轉讓 3,545 萬股給江西洪都航空工業股份有限公司（以下簡稱：洪都航空），而邢機集團最終持有本公司的國家股 4,974.02 萬股。由此，華夏建通集團成為邢臺軋輥的控股股東，持股比例為 29%；邢機集團成為邢臺軋輥的第二大股東，持股比例為 16.27%；洪都航空為本公司的第三大股東，持股比例為 11.6%。2003 年 12 月，公司名稱由「邢臺軋輥股份有限公司」變更為「華夏建通科技開發股份有限公司」。

2007 年 5 月 31 日，華夏建通集團將持有的本公司 2,431.78 萬股股份劃轉至海南中誼國際經濟技術合作有限公司（以下簡稱：海南中誼），加上海南中誼之前持有本公司的 4,974.02 萬股，海南中誼的持股比例達到為 19.48%，成為公司的第一大股東。

2009 年 8 月 9 日，海南中誼將持有的本公司的 5,005 萬股股份過戶至北京卷石軒置業發展有限公司（以下簡稱：卷石軒置業）名下，由此，華夏建通的控股股東變更為北京卷石軒置業發展有限公司，持股比例為 13.17%。

2011 年 6 月 29 日，卷石軒置業將所持有 5,005 萬股股權全部過戶與廊坊市國土土地開發建設投資有限公司。自此，華夏建通的控股股東變更為廊坊市國土土地開發建設投資有限公司（以下簡稱：廊坊地建設），持股比例為 13.17%。

2012 年 3 月 22 日，公司的名稱由「華夏建通科技開發股份有限公司」變更為「廊坊發展股份有限公司」。

2013 年 12 月，廊坊地建設將所持有廊坊發展的 5,005 萬股股權劃撥至廊坊市國土土地開發建設投資控股有限公司（以下簡稱：廊坊控股公司）。至此，廊坊發展的控股股東變更為廊坊市國土土地開發建設投資控股有限公司，持股比例為 13.17%。

截止到 2015 年 12 月 31 日，廊坊發展的總股本為 38,016 萬股，控股股東為廊坊市國土土地開發建設投資控股有限公司（後更名為廊坊市投資控股集團有限公司），持股比例為 13.28%。實際控製人為廊坊市人民政府國有資產監督管理委員會。廊坊發展的股權結構如附圖 6-1 所示。

```
┌─────────────────────────────────┐
│ 廊坊市人民政府國有資產監督管理委員會 │
└─────────────────────────────────┘
                │
                │ 100%
                ▼
┌─────────────────────────────────┐
│    廊坊市投資控股集團有限公司     │
└─────────────────────────────────┘
                │
                │ 13.28%
                ▼
┌─────────────────────────────────┐
│       廊坊發展股份有限公司        │
└─────────────────────────────────┘
```

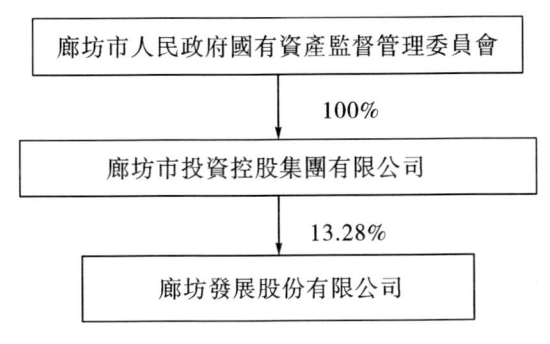

附圖 6-1　廊坊發展股權結構

資料來源：根據廊坊發展 2015 年年報整理。

二、華夏建通的 ST 之路

華夏建通在上市之初的主營產品為冶金軋輥，其產量占全國商品軋輥總量的四分之一，是亞洲軋輥行業中生產規模最大、品種規格最齊全、市場份額最高的冶金軋輥專業生產廠家，但是華夏建通卻屢屢錯失其發展良機一步步走向上市公司的 ST 之路。

從 2003 年開始，國內的鋼鐵行業景氣度不斷提升。這原本可以為軋輥企業提供良好的發展機遇，然而就在 2003 年 4 月，華夏建通卻錯誤地置出了公司大部分軋輥類資產。同年公司股權發生變化，華夏建通集團持有本公司 29% 股權，成為第一大股東，而邢機集團退居為公司的第二大股東。在股權變化的同時，公司與新任大股東進行了大規模的資產置換：公司置出的資產均為軋輥類經營性淨資產，估價 2.48 億元。該部分資產置換給華夏建通集團後，又被轉讓給了邢機集團。同時公司置入的資產則是華夏建通集團持有的鐵通華夏電信有限責任公司（以下簡稱：鐵通華夏）49% 股份，評估後價值為 2.47 億元。此次資產置換完成後，華夏建通雖仍以剩餘的軋輥資產的生產經營為主營業務，但由於資產的減少，從 2003 年開始，公司的軋輥業務收入開始大幅減少，到了 2005 年，已經完全靠受託加工邢機集團的軋輥產品獲取收入，本身的軋輥生產業務已經完全停滯。

2006 年 12 月 31 日，華夏建通以其控股子公司世信科技發展有限公司（以下簡稱：世信科技）所擁有的對西安思楊科技有限責任公司、北京世誠信通訊科技有限責任公司等 5 家公司總計 131,902,967.91 元的債權資產來置換公司的實際控製人——海南億林農業有限責任公司（以下簡稱：海南億林）

所擁有的 140,611,581 元棕櫚藤產權和南藥益產權，華夏建通的實際控製人以其優質資產置換出了華夏建通的不良債權資產。儘管華夏建通成功剝離了不良資產，但是由於公司此舉應經偏離了其原有的主營業務，未必是有利於公司發展的舉動。於是 2008 年 3 月，公司又將棕櫚藤和益智產權又轉給了海南中誼。

2006 年 12 月，華夏建通因貸款逾期，軋輥分公司的機器、設備等資產被查封，隨後公司將軋輥分公司所有的固定資產（原值 2.28 億元，已計提折舊 1.55 億元）以 1.15 億元全部出售給邢機集團，其固定資產減至 36.19 萬元。

從 2007 年開始，華夏建通已經完全喪失了生產軋輥的能力。然而此時，鋼鐵行業形勢一片大好。與此同時，公司所置換進來的鐵通華夏股權也差強人意，這對華夏建通的發展來說無疑是雪上加霜。

2008 年 5 月，中國證監會對華夏建通涉嫌違反證券法律法規的行為立案稽查，調查結果於 2009 年 9 月公布。公司及其原董事長何強等人存在重組時置入公司的資產嚴重不實，長期隱瞞實際控製人身分，大量占用公司資金，虛增 2007 年度利潤等違法違規行為。後經調整，公司 2007 年的淨利潤變成負值。

2009 年，由於公司的業務處於盤整梳理狀態，導致部分資產經營停滯，剩下正在營運的業務於 2009 年上半年也沒有產生收入，而且預計這種狀況在 3 個月內難以恢復正常。因此，從 2009 年 8 月 27 日開始公司被實施其他特別處理，「華夏建通」變身「ST 建通」。

再加上公司於 2009 年調整 2007 年的年度報告，出現了公司 2007 年、2008 年連續兩年虧損的狀態。於是從 2009 年 10 月 28 日開始，公司被實施退市風險警示特別處理，由「ST 建通」變身「＊ST 建通」。

下面，本文將結合華夏建通在被實行特別處理之前的五年，即 2004 年度至 2008 年度的財務狀況進行相應的分析。並通過研究華夏建通在被實施特別處理之前的財務狀況，來探究公司陷入財務困境所固有的原因。

由附圖 6-2 我們可以清楚地看到，華夏建通自 2004 年度以來的資產總額和所有者權益數額變化不是很大，都處於一種平緩的變化狀態。在 2004 年到 2008 年的這 5 年的時間中，華夏建通的資產總額稍有回落，從 79,060.57 萬元降至 63,737.20 萬元，下降幅度約為 19.38%；所有者權益整體看來有上升趨勢但上升幅度僅有 3.8% 左右，即由 58,903.84 萬元漲到了 61,133.80 萬元。除此之外，我們還發現，公司在 2007 年和 2008 年的資產總額與所有者權益數值幾乎相等，其原因是公司在 2007 年的時候歸還了所有的銀行借款，該借款

總額高達 7,653.63 萬元。這使資產負債表中列示的短期借款減少了 100%，同時也是公司的資產總額下降的一個重要原因。

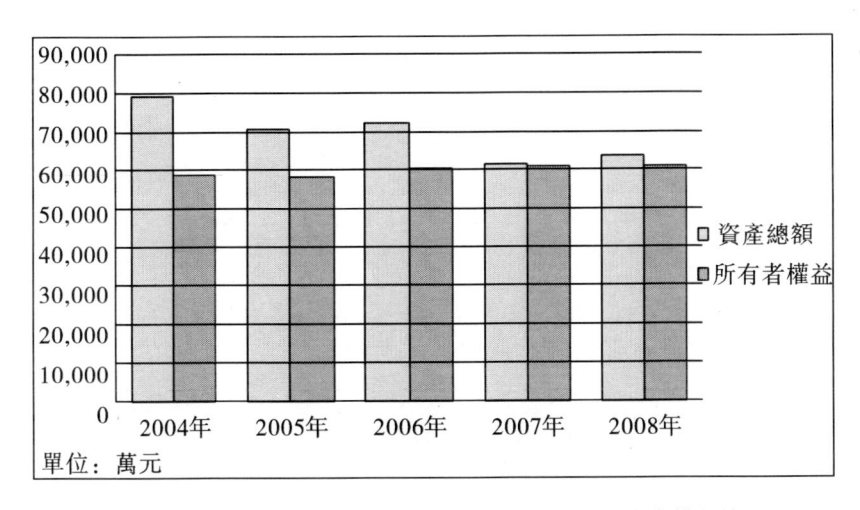

附圖 6-2　華夏建通 2004—2008 年的資產總額及所有者權益情況

根據附圖 6-3 我們可以看出來，華夏建通自 2004 年到 2008 年的營業收入總額呈大起大落的狀態，其中 2006 年的營業收入達到頂峰，為 16,699.40 萬元，而 2008 年的營業收入卻只有 1,688.77 萬元，是五年以來的最低收入；公司的營業成本也是隨著營業收入同增同減。造成公司 2007 到 2008 年營業收入大幅下降的主要原因是：2006 年，公司將經營性固定資產轉讓給邢機集團後，原有的軋輥加工業務已置出，隨後公司的主營業務變為社區大屏幕系統、多媒體系統等電子產品銷售及配套技術服務，然而新業務的銷售狀況並不樂觀。也正是由於公司主營業務發生的結構性變化，加上公司新業務並不成熟，使得公司的淨利潤情況一直不盡如人意，2007 年和 2008 年的淨利潤分別是 -988.02 萬元和 -1,162.53 萬元。至此，公司已經接連兩年虧損。我們再結合附圖 6-2 的數據來看，公司在淨利潤為負的情況下所有者權益之所以沒有縮水的主要原因是 2007 年公司的實收資本從 30,564.00 萬元增加到了 38,016.00 萬元。

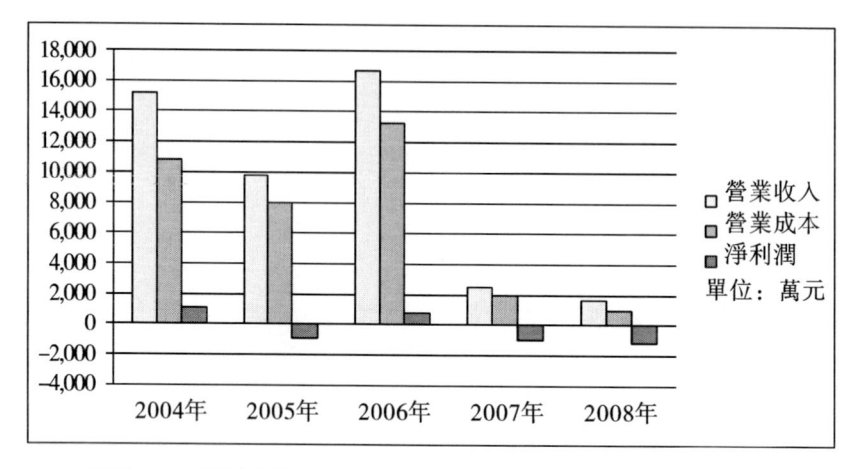

附圖 6-3 華夏建通 2004—2008 年的營業收入和淨利潤的變化情況

由附圖 6-4 的資產負債率折線圖可知，華夏建通的資產負債率一直都很低，在 2004 年最高也就 24.71%，隨後比率就一路下降，2007 年的資產負債率都不到 1%，是所有的 A 股上市公司中最低的，雖然 2008 年的資產負債率相比較 2007 年來說稍稍有所緩和，卻也僅有 4.08%。理論上講，資產負債率低的公司其風險固然小，償債能力固然強，但是仍需強調的是，對於上市公司而言，極低的資產負債率也未必是件好事。

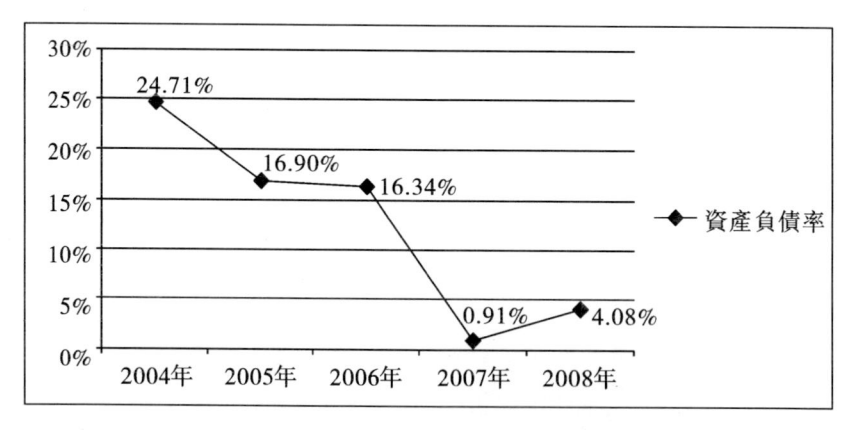

附圖 6-4 華夏建通 2004—2008 年的資產負債率情況

在從附圖 6-5 的銷售淨利率折線圖中，我們可以瞭解到，華夏建通的銷售淨利率受公司淨利潤波動的影響，從 2004 年開始一直在零上下徘徊，於 2006 年開始一直處於下降趨勢，並在 2008 年下降到-68.84%。我們都知道，銷售淨利率可以反應每一元銷售收入能帶來的淨利潤的多少。但是很明顯，華夏建通的

管理效率不高，其以銷售收入獲取利潤的能力非常低，公司的盈利能力不強。

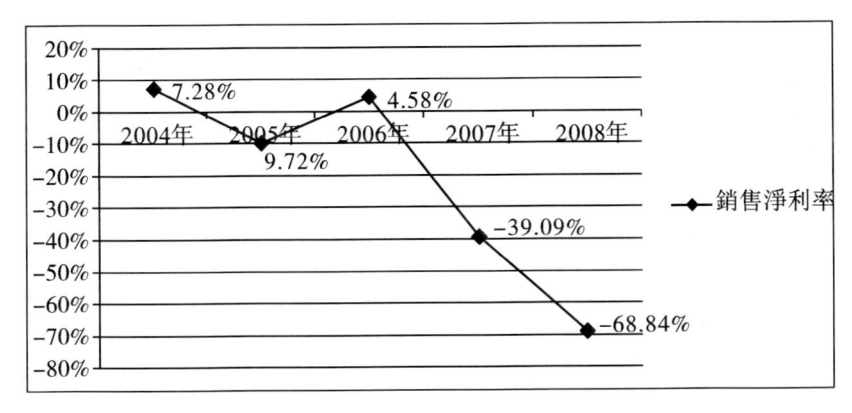

附圖 6-5　華夏建通 2004—2008 年的銷售淨利率情況

三、ST 建通的脫困路徑及重組選擇分析

從 2009 年 8 月開始，華夏建通僅僅在兩個多月內就接連從「華夏建通」變身成「ST 建通」再變身為「＊ST 建通」。表面看起來華夏建通的 ST 之路似乎有些突然，但深入細究之後發現華夏建通被特別處理也是在意料之中。上市之初，華夏建通作為國內冶金軋輥行業的龍頭企業之一，其核心業務為冶金軋輥，在行業發展勢頭大好的階段，華夏建通卻於 2003 年錯誤地轉變發展戰略，向多媒體、電信行業進軍，導致了公司錯失發展良機。同時正是因為錯誤地調整了公司的業務重心，使得華夏建通在 2003 年度因市場份額減少導致營業收入由 2002 年的 41,053.75 萬元下降至 31,382.34 萬元，2005 年持續下滑至 9,848.88 萬元，相應的公司淨利潤也由 2002 年 2,828.92 萬元的盈利下降到 2005 年-899.29 萬元的虧損。我們不能否認，華夏建通也一直在積極應對市場挑戰，歷經多次重組，置換公司的不良資產，不斷引進新產品、新業務，然而此時的公司已經偏離主業太多，最終也沒避免 2007 年和 2008 年的虧損。可見，華夏建通的財務脫困之旅任重而道遠。

（一）對公司脫困路徑的分析

從 2007 年公司發生虧損以後，華夏建通就已經開始打算對基礎薄弱且管理不完善的電信產業計提加大額度的壞帳準備，並進一步大力發展主業夯實經營基礎。隨後，公司開始有目地調整投資企業的經營重點，對不適合企業長期發展規劃的多項業務實施緊縮戰略，進行了一系列產業調整和資源整合。看來，ST 建通早已醞釀了主業轉型的意圖。

2008 年 12 月 12 日，華夏建通與海南中誼（控股股東）、北京卓越房地產開發有限公司（以下簡稱：卓越房地產）、北京天地嘉利房地產開發有限公司（以下簡稱：天地嘉利）簽訂了《資產置換協議》，公司將以其所擁有的三項資產，即北京華夏星空傳媒科技有限公司的 100%股權計 101,451,917.77 元，北京華夏通網路技術服務有限公司的 25%股權計 19,760,913.50 元，對海南中誼 30,031,790.00 元的債權，總計 151,244,621.27 元，來置換海南中誼及其實際控製人所擁有的龍騰文化廈 76%建築面積（地上 10,178.58M2 及地下 58 個停車位）的 50 年物業經營權、DBC 加州小鎮 17 處商鋪產權，總計 150,713,000 元。置換價格為 151,244,621.27 元，差額部分 531,621.27 元由海南中誼在本協議簽訂日起三個月內以現金方式支付給公司。通過此次資產置換關聯交易，華夏建通置出公司的非主營業務及部分債權，置入具有穩定收益並確立公司今後主營房地產業務的部分股權及資產，不僅可以提高公司資產質量，化解經營風險，更可確立公司的主營業務方向，為本公司提供穩定的利潤來源。

緊接著，海南中誼擬計劃於 2009 年向華夏建通注入優質的房地產資產，但由於後續的海南中誼和卷石軒置業的訴訟糾紛，此次資產重組工作被中斷。與此同時，2009 年 8 與 6 日，海南中誼將手中所持有的公司 5,005 萬股股份過戶到卷石軒置業名下，卷石軒置業成為公司的控股股東。同年華夏建通從「華夏建通」變身「ST 建通」再變身「＊ST 建通」。然而在卷石軒置業在接手＊ST 建通之後對公司的發展沒有做出太大貢獻，並沒有扭轉公司虧損的局面。

至此，＊ST 建通已經易主多次，大股東借著重組套現，使公司的業績情況不見改善，一直處於虧損狀態，＊ST 建通已經瀕臨退市的邊緣。直至九年之後，已經四易其主的＊ST 建通才終於走上了迴歸到河北國資系統之路。

2010 年 8 月 30 日，＊ST 建通發布公告稱，卷石軒置業與廊坊地建設簽訂了《股份轉讓協議》，卷石軒置業將所持有的公司 5,005 萬股股份全部轉讓給廊坊地建設（實際控製人為廊坊市財政局）。相應的，廊坊地建設成為＊ST 建通的第一大股東，公司的股權性質由私營屬性變更為國有屬性。而一直以一級土地開發為主業的廊坊地建設的入主，使＊ST 建通在商業地產及其他業務的路上走得更穩。於是在 2010 年年底，＊ST 建通依法解散了其下屬兩個子公司：北京華夏鐵通電信有限公司和北京華夏通網路技術服務有限公司。公司將變現後的資金繼續用來投入商業地產項目，儘管此舉沒有使業績有大幅度的提升，但卻也保持了公司的穩定。

2011 年 11 月 22 日，為了解決＊ST 建通所面臨的暫時性經營困難，廊坊

市財政局給予＊ST 建通 8,000 萬元人民幣的經營性財政補貼以維護公司的穩定發展。上述經營性補貼已計入公司 2011 年的當期損益。正是得益於廊坊市財政局給予＊ST 建通的經營性補貼，公司才能成功扭轉虧損局面。2011 年度公司的主營業務為租賃，實現營業總收入 657.18 萬元（全部為主營業務收入），較上年同期增長 9.53%，歸屬於上市公司股東的淨利潤 52,407,694.91 元。經上海證券交易所批准，公司股票撤銷退市風險警示同時實施其他特別處理。

　　2012 年 2 月和 3 月，公司分別召開的第六屆董事會第十二次會議 2011 年年度股東大會審議，會上通過了《關於公司更名的議案》，決定將公司的名稱變更為「廊坊發展股份有限公司」。自 2012 年 3 月 27 日起，公司證券簡稱發生變更，由「＊ST 建通」變更為「ST 廊發展」。然而 ST 廊發展的脫困任務仍然沒有結束。

　　為了徹底地摘星脫帽，ST 廊發展加快了自己的步伐，之後進行了一系列產業調整和資源整合。2012 年年初，ST 廊發展開始完善內部控製和內部審計規範；修改、制定公司的各種工作管理製度、規則等。並在現有業務的基礎上，積極拓展盈利性業務，先後兩次修改公司章程，將園區投資、建設、營運、項目管理及諮詢業務、招商引資服務業務納入公司的經營方向，力求擺脫公司原有的經營困難的局面。通過努力，ST 廊發展終於在 2012 年上半年的經營業績有了較大的改善，實現了主營業務收入 1,057.75 萬元，較上年同期增長了 233.48%，歸屬於上市公司股東的淨利潤 188.76 萬元，較上年同期增加了 367.91 萬元，實現了扭虧為盈。在 2012 年 8 月 20 日公司被撤銷了股票交易實施的其他風險警示，公司的股票簡稱由「ST 廊發展」變更為「廊坊發展」，公司的財務困境得以恢復了。

　　（二）對公司重組選擇的分析

　　回顧一下廊坊發展的脫困之路，我們發現其重組選擇比較復雜，既有支持性重組也有放棄性重組，當然還有廊坊發展的自我調整。

　　首先，2008 年公司的控股股東海南中誼將優質的地產資產置換給公司，是屬於典型的支持性重組。一方面，公司在資產保值的前提下剝離了不良資產，減少了虧損來源；另一方面，為公司尋覓了新的經營業務，提供了穩定的利潤來源，是公司後續重組的一個好的開端。

　　其次，單純從公司的財務來看，多年來存在著資產不實，帳務作假，股權分散的問題，可見公司的困境程度已經非常高。其控股股東選擇放棄性重組，其實也是有利的，可以為公司引進新股東，盡可能地減少利益相關者的損失。

最後，廊坊發展得以脫困的重要路徑還是公司的自我調整方式。多年來，主營業務的變化，使公司最終確定了以商業地產等為發展方向，選擇放棄了經營不善的業務，最終成功地改變公司經營不利的局面。並且制定了符合公司發展、盈利的科學方案和措施，加強了財務管理工作，通過清收各種欠款，合理使用資金，逐漸將公司的主營業務調整好，為公司又好又快地發展打下了堅實基礎。

(三) 對公司脫困後的業績分析

儘管廊坊發展已經成功渡過了退市危機，但是我們不可避免地要思考到：公司的歷史遺留問題已經太多，脫困之後的業績是否能盡如人意，後續發展是否良好。接下來，本文將對廊坊發展脫困當年即2011年和脫困後第1、2年即2012年、2013年進行綜合績效評價，來尋求答案。

由附圖6-6的數據我們可以發現，廊坊發展在脫困之後的後續發展能力不容樂觀，恢復後的業績狀況也不佳。提高分析可知，廊坊發展的營業收入儘管在脫困後3年內都在持續上升，但是公司的淨利潤可謂是一路驟降的趨勢，在財務困境恢復當年即2011年的淨利潤是正數，可見重組之後公司的業績有著明顯的改善，但是8,000萬元的經營性財政補貼也起著重要影響。第2年淨利潤開始下降但是依然保持著正數。第3年公司的業績顯然開始惡化，淨利潤為-5,062.89萬元。導致2013年廊坊發展的淨利潤為負數的主要原因是，公司資產減值損失較2012年增加了2,191.95萬元、中小股東訴訟賠償1,205.99元以及2013年新開拓的鋼材貿易業務的毛利率較低。看來，廊坊發展在摘帽之後的經營仍存在著阻礙。

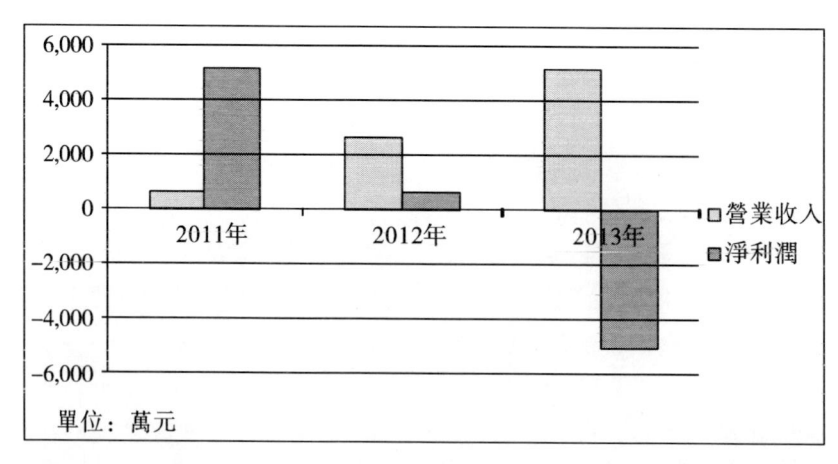

附圖6-6 廊坊發展脫困當年及脫困後第1、2年的營業收入和淨利潤情況

仔細觀察附表6-1中的數據，我們來綜合分析一下廊坊發展脫困當年及脫困後第1、2年的業績。首先，廊坊發展近3年的淨資產收益率指標和每股收益指標均呈下降趨勢，並且這兩個指標都於2013年轉為負數，造成這種現象與廊坊發展近3年的淨利潤變化有著直接關係，說明廊坊發展在脫困之後盈利能力稍有改善但該能力仍舊不強且經營不穩定。其次，廊坊發展的總資產週轉率和應收帳款週轉率在重組前後表現出了小幅度的增長，說明公司的資產管理效率在逐漸提高。再次，廊坊發展的資產負債率在脫困後的3年仍然都低於15%，該指標值有些偏低也不利於上市公司的經營。雖說資產負債率越低是說明公司的長期償債能力越強，可是廊坊發展過低的資產負債率到底是公司經營者過於保守而對使用財務槓桿有所顧忌，還是各種客觀因素難以貸款，仍需後續研究。最後，從後續發展能力來看，公司的銷售增長率的變化趨勢呈凸字形，最高時大約300%，最低時不到10%，而公司的資本保值增值率在逐年遞減的同時也一直保持在80%以上，說明公司的成長狀況不佳但資本的保全和增長狀況較好。總體來看，廊坊發展在脫困之後的近三年業績有所改善，但是大部分指標的情況略有回落，並沒有徹底改善其盈利水平，公司發展後勁不強，仍需尋找更適合公司發展的經營戰略。

附表6-1 廊坊發展脫困當年及脫困後第1、2年的綜合績效評價指標

評價指數類別	基本指標	2011年	2012年	2013年
盈利能力	淨資產收益率	16.84	1.96%	−18.98%
	每股收益	0.14	0.02	−0.13
營運能力	總資產週轉率（次）	0.02	1.3	1.3
	應收帳款週轉率（次）	1.5	3.5	4.0
償債能力	資產負債率	11.95%	7.48%	13.65%
	流動比率（倍）	5.07	5.61	2.85
發展能力	銷售增長率	9.53%	303.79%	9.46%
	資本保值增值率	119.37%	100.62%	84.05%

四、廊坊發展的後續發展

如果說之前的重組策略僅僅是為了廊坊發展能夠盡快地摘星脫帽，那麼在摘星脫帽之後，廊坊發展還需要進行有效的戰略性重組，從真正意義上提高公

司的業績水平，徹底擺脫虧損的困境。

2013年09月23日，廊坊發展發布公告稱，經與控股股東廊坊地建設等有關各方論證和協商，本公司擬進行發行股份購買資產及配套融資的重大事項，該事項對公司構成了重大資產重組，公司以及有關各方正在全力推進本次重大資產重組的各項工作，積極完善重組預案。後為順利推動公司重大資產重組事宜，於11月13日，公司控股股東廊坊地建設將其持有的廊坊發展5,005萬股股份無償劃轉給廊坊控股公司，廊坊控股公司成為公司的控股股東。截止到12月21日該重組都在積極推進。但是由於受到最新的監管政策及各種因素的綜合影響，該重大資產重組條件尚不成熟，為保護全體股東利益以及維護市場穩定，公司在12月21日決定終止籌劃該重組事項。

2014年2月15日，根據廊坊市財政局《關於下達2013年度市級企業上市扶持資金的通知》，廊坊發展收到扶持資金300萬元，該項資金已撥付至本公司。

2015年8月12日，公司與廊坊控股公司、中國建行廊坊分行簽署《委託貸款合同》。廊坊控股公司委託中國建行廊坊分行向公司發放貸款人民幣1.5億元，期限從2015年8月12日起至2017年8月11日，委託貸款的利率為年利率9%，委託貸款的計、結息方式為按季結息。公司將借款用於補充企業的流動資金。至此，廊坊控股公司持有廊坊發展5,027萬股的股份，占公司總股本的13.22%。

2016年4月21日，廊坊發展被擱置的資產重組事項又重新提上了議程，目前重組工作仍在進行中。

但是截止到2015年12月31日，廊坊發展在摘星脫帽之後的一系列舉動都並沒有真正改善其盈利能力和業績水平。從2013年至2015年的財務數據來看，廊坊發展仍舊存在問題。

由附圖6-7至附圖6-10可見，廊坊發展在近3年的資產規模稍有擴大，相比較2013年的資產總額30,891.50萬元，2015年的資產擴大到了38,831.7萬元，上升了將近25.7%；所有者權益於2015年下降到了20,929.1萬元；淨利潤除了2014年是591.58萬元以外，2013年和2015年都是負數，且2015年虧損高達-6,448.20；每股收益也是同淨利潤同方向變化，最高是0.016元/股。

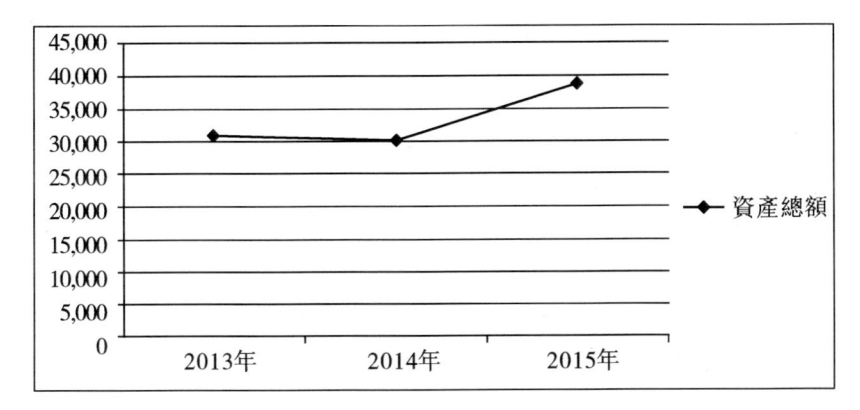

附圖 6-7 廊坊發展 2013—2015 年的資產狀況

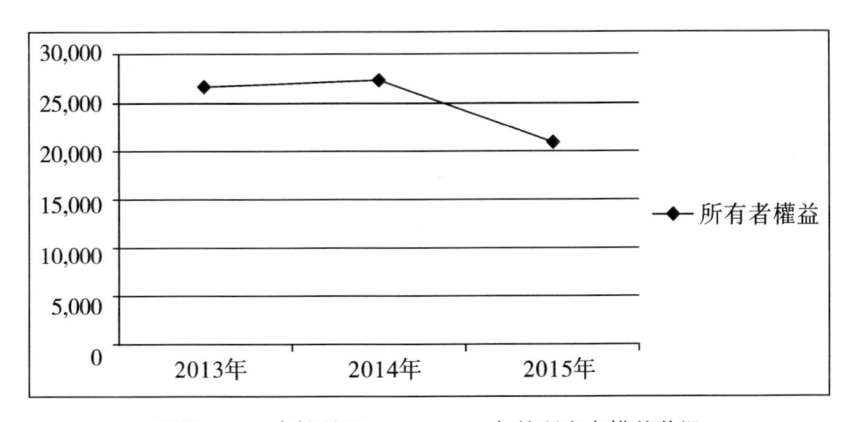

附圖 6-8 廊坊發展 2013—2015 年的所有者權益狀況

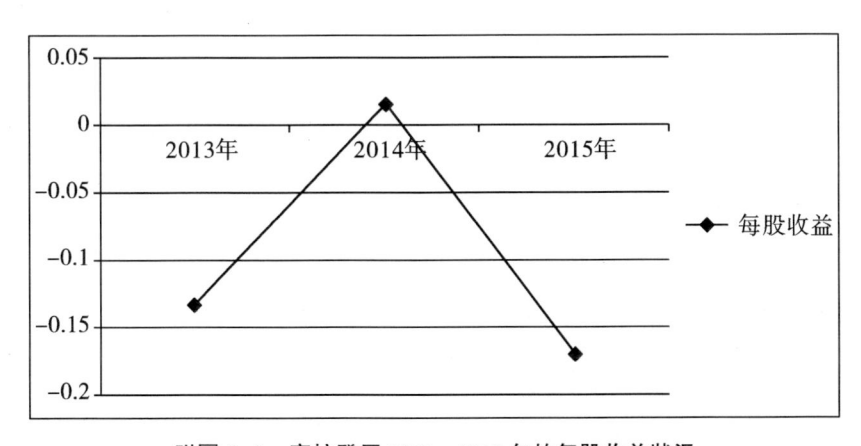

附圖 6-9 廊坊發展 2013—2015 年的每股收益狀況

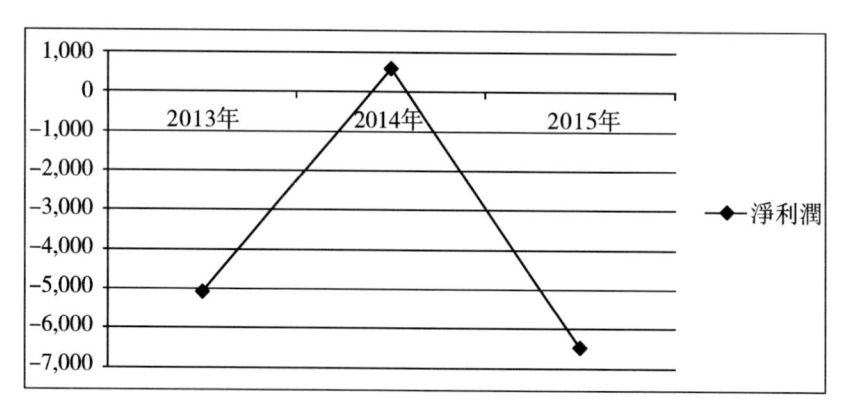

附圖 6-10　廊坊發展 2012—2015 年的淨利潤情況

可見，廊坊發展從擺脫退市危機至今，儘管在不斷調整公司的產業結構，但是仍然沒有徹底恢復其經營業績，淨利潤指標也是忽高忽低，正負交替，不能為以後的發展提供一個穩定的基礎。廊坊發展如果想要增強其盈利能力，提高其抗風險能力從而進一步增加其整體價值，是否需要先對公司的組織、管理、戰略等方面進行有效的規劃整合，以及如何才能使公司發揮其潛能，將公司的核心業務做大做強，提高其整體市場競爭力。這些都將是廊坊發展未來需要認真考慮的問題。

附錄 7　＊ST 天業的重組選擇及脫困路徑

隨著各個行業的迅速發展，許多公司在激烈的競爭中逐漸敗下陣來，其中不乏由於經營不善而陷入財務困境的公司，陷入財務困境的公司通常會選擇企業重組擺脫財務困境。那麼，陷入財務困境的公司究竟採用什麼重組方式從困境中復甦？在成功脫困後發生什麼變化以及經營業績如何？這可以為其他陷入財務困境的公司在選擇重組方式時提供參考。秦皇島天業通聯重工股份有限公司（以下簡稱「天業通聯」）在 2014 年陷入財務困境，面臨退市風險被特別處理。2015 年，天業通聯成功脫困，＊ST 天業的成功脫困有賴於重組方式的選擇。

一、公司簡介

秦皇島天業通聯股份有限公司始由秦皇島市北戴河通聯路橋機械有限公司變更成立。天業通聯屬於專業機械製造業，產品覆蓋裝備製造業、氟化工、工程服務、採礦業四大板塊，涉及交通工程、能源工程、採礦工程、物流工程等國家重點工程領域。主要產品包括有盾構機、非公路自卸機、架橋機、運梁車、提梁機、氟化氫等。通過企校聯合、企研合作、委託開發等方式完成眾多產品領域的重大技術課題，是集研發設計、製造安裝、銷售服務為一體的重大裝備製造骨幹企業。

2010 年 8 月 10 日天業通聯成功上市，開啓了公司發展的新紀元。公司不斷完善組織結構，調整戰略部署，制定中長期的發展戰略，力爭成為「行業一流、產品一流、服務一流」的一等創新型企業。

天業通聯自成立以來，股權頻繁轉讓，歷經多次轉讓後，2008 年 7 月，公司以 2008 年 5 月 31 日為基準日、以經審計的帳面淨資產為基數整體變更為股份有限公司。變更後股本為 12,000 萬元，公司於 2008 年 7 月 18 日辦理了工商登記手續。同年 12 月，公司股東增資 800 萬元，公司股本變為 12,800 萬元。天業通聯於 2010 年 08 月 10 日在證券交易所上市，代碼為 002459，實際控製人為朱新生和胡志軍。由於 2012 年、2013 年連續兩年虧損，2014 年 3 月 17 日，被實行「退市風險警示」特別處理。2015 年 4 月 13 日，公司通過重組脫困，成功摘帽。

二、ST 之路

雖然國家一直在支持製造業的發展，但由於全球經濟萎縮、國內市場增速變緩、生產要素成本上升、投資增速下滑，天業通聯面臨的宏觀環境比較嚴峻，所處行業處於低迷時期。儘管天業通聯一直在優化自身結構，關注市場需求，增加研發投入，但自 2010 年上市以來，經營業績逐年下降，形勢不容樂觀，逐漸走入了下坡路。見附表 7-1、附圖 7-1：

附表 7-1　　　　　　　＊ST 天業主要財務數據表

年份	資產(元)	負債(元)	淨資產(元)	營業收入(元)
2010 年	2,124,215,038.75	798,119,148.67	1,323,636,219.33	1,094,380,380.87
2011 年	2,221,580,099.19	923,655,741.87	1,242,401,748.21	999,390,057.88
2012 年	2,352,306,355.19	1,119,632,308.40	927,067,785.22	493,318,048.76
2013 年	1,623,306,355.19	937,746,853.36	500,797,955.92	664,192,155.27

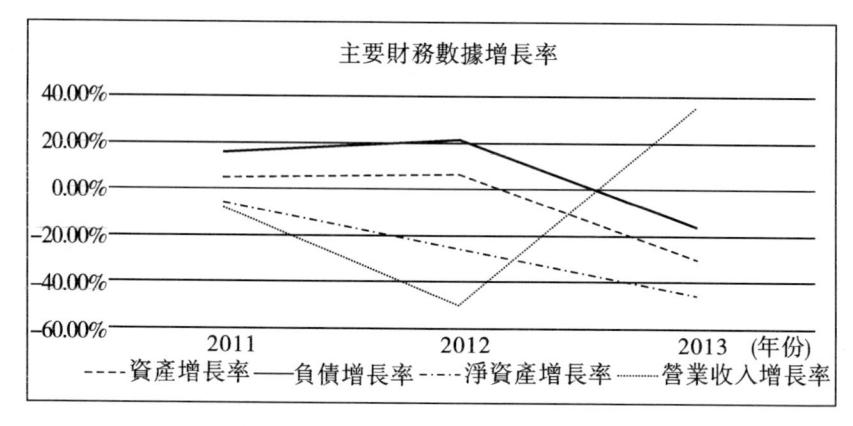

附圖 7-1　＊ST 天業主要財務數據變動圖

從 2010 年至 2012 年，＊ST 天業的資產呈較平穩的低速增長趨勢，資產總額從 2,124,215,038.75 元上升至 2,352,306,355.19 元，累計上升 228,091,296.44 元，到 2013 年，資產驟減至 1,623,306,355.19 元，下降比率高達 30.99%。2013 年的驟降與前兩年相比，未免有些失常，這主要是由於歸還到期借款和利息以及計提資產減值準備所致。總資產的大幅下降，使得公司的規模和發展能力大不如前。＊ST 天業的負債相對於資產來說波動較大，2011 年增長率為 15.73%，2012 年增長率為 21.22%，這是因為企業需要增加

借款來支撐企業的發展所致。負債的大幅增加，不可避免地導致財務費用的增加，為企業帶來更多的負擔。由於歸還到期借款，＊ST 天業 2013 年的負債下降了 16.25%。企業的負債增長速度高於總資產的增長速度，企業的所有者權益占總資產比率逐年減少。從附表 7-1 中可以看出，公司歸屬於上市公司股東的淨資產逐年降低，由 2010 年的 1,323,636,219.33 元下降至 2013 年的 500,797,955.92 元，下降比率更是由 25.38% 上升至 45.98%，其中一部分原因是所有者權益的減少，另一部分原因是企業出售其子公司股權所致。由於產品市場需求下降，公司的營業收入在 2010 年至 2012 年大幅下降，2010 年營業收入為 1,094,380,380.87 元，2012 年下降至 664,192,155.27 元，2012 年的下降比率更是高達 50.64%。2013 年出現回緩，營業收入上升至 664,192,155.27 元，這是由於 2012 年的部分收入於 2013 年確認。從整體上來說，企業的營業收入在這四年中減少數額巨大，企業的創收能力逐漸步入低谷。

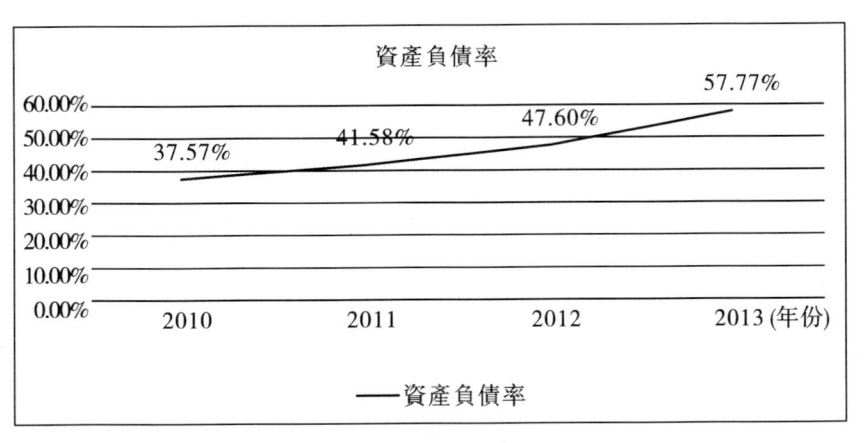

附圖 7-2 ＊ST 天業重組前資產負債率

從附圖 7-2 可以看出，＊ST 天業的資產負債率呈逐年上升趨勢。2010 年資產負債率為 37.57%，2011 年上升 4% 左右，2012 年上升 6% 左右，2013 年時，資產負債率上升 10%，達到了 57.77%。就往年情況來看，＊ST 天業對負債的依賴性逐漸加強，相對而言，股東權益比率便呈逐年減少趨勢。公司資產負債率的逐年增加勢必會造成企業償債能力減弱，若照此趨勢發展，公司的財務風險會使得公司的債務償還失去保障。就行業平均水平而言，專業機械製造行業這幾年資產負債率來比較穩定，幾乎每年都在 46% 左右。如此看來，企業 2010 年、2011 年資產負債率相對較低，對企業的發展信心不足，利用債權人資本進行經營的能力較差，2012 年與行業平均水平相當，資產負債率比較合理。然而，2013 年的資產負債率遠遠超於行業平均水平，就公司不樂觀的發

展狀況而言，大量舉債是由於公司難以支撐企業的發展，股東投入逐年降低，只得靠負債來維持企業前行。見附圖 7-3：

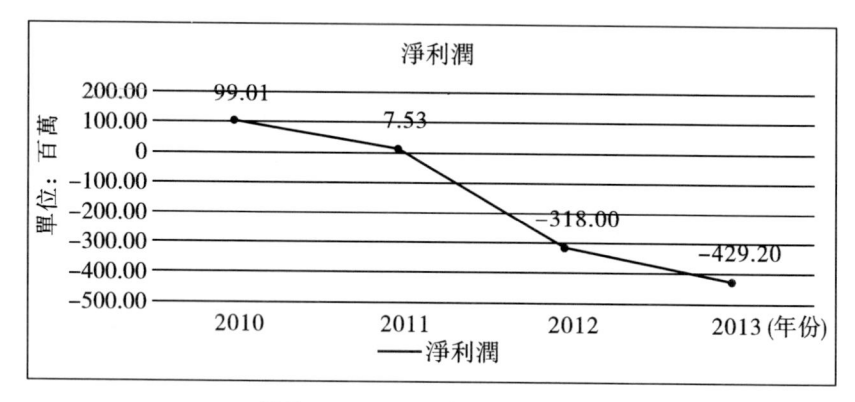

附圖 7-3 ＊ST 天業重組前淨利潤

從附圖 7-3 可以看出，＊ST 天業的淨利潤從 2010 年至 2013 年大幅下降，2010 年淨利潤為 99,013,782.83 元，2011 年驟降至 7,530,346.99 元，扣除非經常性損後淨利潤為-5,639,850.02 元。2012 年與 2013 年更是連續兩年虧損，兩年虧損累計額七億多元。雖然較 2012 年相比，2013 年營業收入有所上升，但淨利潤反減不增，部分原因是由於義大利子公司 SELI 因經營不善已經提請破產，＊ST 天業全額計提其對子公司長期股權投資為資產減值損失。此外，主營業務盈利能力下降也是出現虧損的重要原因，從 2011 年扣除非常性損失淨利潤為負值時，就可以看出，企業的主營業務盈利狀況出現問題，在連續兩年的虧損後，這一現象更顯著地凸顯出來。近幾年來，其主營產品的市場需求量減少，部分傳統機械開始逐漸失去市場，被新產品取代。＊ST 天業的主營業務之一，鐵路橋樑施工起重運輸設備，占業務比重近 70%，隨著相關礦山等業務的急遽下滑，該業務出現嚴重萎縮現象。主營業務缺乏市場，研發實力跟不上社會的發展，企業盈利能力必然出現問題。

如附圖 7-4 所示，2010 年至 2012 年期間，＊ST 天業毛利率急遽下降，2010 年時，＊ST 天業的毛利率為 28.65%，2011 年下降了 5% 左右，降至 23.72%，在 2012 年毛利率卻驟降至 4.10%，下降比率高達 19%。這幾年來，＊ST 天業的主營業務盈利能力逐年下降，在 2012 年時，其主營業務盈利能力更是出現嚴重問題。雖然 2013 年有些許回升，但毛利率與剛上市時相比，仍是天差之別。近幾年來，工程機械類製造業平均毛利率有所下降，但下降幅度較小。＊ST 天業 2012 年、2013 年的毛利率水平遠遠低於行業平均水平。究其根源，主要在於主營業務逐漸落伍，市場需求下降，而同行業的競爭又日益激

烈。在多重困境的夾擊下，公司主營業務難以盈利，新產品的開發需要一定的時間，造成了＊ST天業盈利水平低下的局面。公司急需加大研發力度，開發新型產品，使企業在優勝劣汰的市場中穩住一席之地。

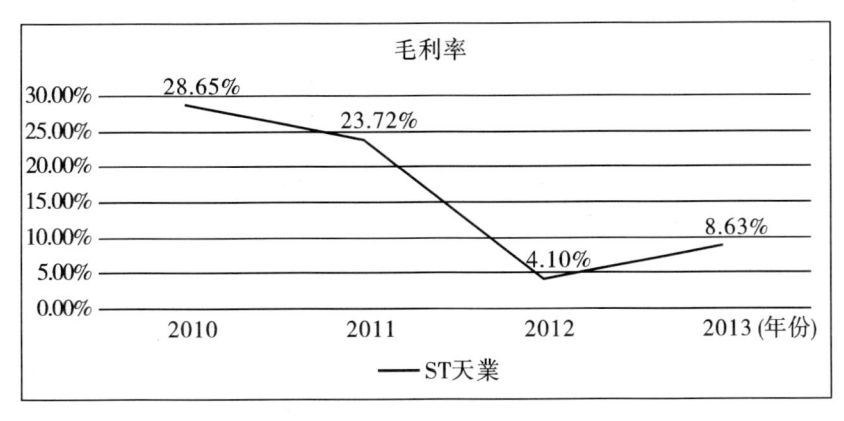

毛利率

年份	毛利率
2010	28.65%
2011	23.72%
2012	4.10%
2013	8.63%

附圖 7-4　＊ST 天業重組前毛利率

通過以上分析可以發現，＊ST天業剛上市時，發展能力相對較好，但從 2012 年開始，走向了下坡路，企業規模開始出現萎縮。從 2010 年開始，企業的償債能力每況愈下，財務負擔逐漸加重。由於主營業務市場需求下降，公司盈利能力大幅下降，2012 年與 2013 年更是出現巨額虧損。根據《深圳證券交易所股票上市規則》的相關規定，由於天業通聯 2012 年度、2013 年度連續兩個會計年度經審計的淨利潤為負值，深圳證券交易所 2014 年 3 月 17 日對公司股票交易實行「退市風險警示」的特別處理，股票交易的日漲跌幅限制為 5%，股票簡稱由「天業通聯」改名為「＊ST天業」。

三、重組脫困方式

一般情況下，公司在面臨財務危機時會進行公司重組，大多數公司在重組後能夠成功脫困，重新步入資本市場的舞臺。公司在重組過程中，往往會發生一系列的變化，比如企業的主營業務、股權結構等。公司在重組時，往往會根據公司自身的情況選擇適當的重組方式，來解決公司出現的財務問題，以扭轉當前的局面。2014 年度，＊ST天業在陷入財務困境時，利用內外部資源，對公司進行了重組，使公司成功扭虧為盈。

（一）重組方式

通常，ST公司的重組行為包括三類：自我重整性重組、支持性重組、放棄性重組。自我重整性重組是指通過提高公司自身的管理效率以及整合業務的

方式來應對困境的一種重組行為；支持性重組是指 ST 公司在股東支持下發生的各種資產重組，包括兼併收購、債務重組、資產剝離、資產置換、非控製權轉移的股權轉讓；放棄式重組是指控股股東將所掌握的 ST 公司的控製權進行轉讓，由新的股東來控製該公司，並幫助其盡快脫困，其實質是控製權轉移的一種股權轉讓重組方式。公司具體選擇哪種重組方式脫困，應當基於公司的自身情況，選擇合適的方式重組。重組方式的選擇，在一定程度上會對企業的後續業績產生影響，所以公司會慎重選擇重組方式。通常情況下，財務困境較輕的公司會選擇自我重整性重組，財務困境狀況較嚴重的公司會選擇放棄性重組。

＊ST 天業選擇的是放棄性重組，＊ST 天業通過非公開發行股票來募集資金，使公司的控股股東發生改變，公司控製權轉移，通過新股東的力量來幫助公司脫困。受宏觀經濟形勢的影響，尤其是鐵路建設投資的放緩，近年來天業通聯高鐵建設相關業務受到較大不利影響。天業通聯近三年內高鐵建設相關業務規模及比例大幅下滑，從而導致公司營業收入規模下滑幅度較大，天業通聯 2012 年度與 2013 年均處於虧損狀態。天業通聯需要通過資本市場融資，解決自身財務困難，優化自身資本結構，提高營運能力，為未來實現盈利打下基礎。華建興業投資有限公司以大宗交易的方式買進股票，由天業通聯向華建盈富非公開發行普通股股票，華建盈富認購天業通聯的股票。本次發行後，華建盈富成為天業通聯的控股股東，公司控製權發生轉移。

(二) 重組過程

2014 年度，＊ST 天業堅持以市場為導向，充分利用內外部資源，加強生產管理，提升生產工藝、產品質量水平，在全體員工的共同努力下，公司經受嚴峻考驗，克服了資金短缺等諸多不利因素，保證了平穩運行，實現了扭虧為盈的目標。其重組主要包括優化財務結構、加大研發力度、提高盈利能力三方面。

1. 優化財務結構，降低營運成本

2014 年 12 月，公司通過非公開發行 A 股股票募集資金總額近 10 億元，致使公司資產負債率大幅下降，資本結構得到優化，財務費用大幅降低，提高公司抗風險能力及財務穩定性。天業通聯經中國證券監督管理委員會《關於核准秦皇島天業通聯重工股份有限公司非公開發行股票的批覆》核准，非公開發行人民幣普通股 166,389,351 股，每股面值 1 元，發行價格為人民幣 6.01 元/股，募集資金總額為人民幣 999,999,999.51 元，扣除發行費用人民幣 12,176,947.96 元後，實際募集資金淨額為人民幣 987,823,051.55 元。本次募

集資金不超過10億元，扣除發行費用後將全部用於償還公司借款及補充流動資金。本次非公開發行募集資金到位前，公司可能根據債務償還的需要自籌資金償還部分債務，待募集資金到位後予以置換。本次股票募集後，公司總資產為1,749,884,355.90元，負債為235,669,913.63，資產負債率為13.47%。與以前年度相比，*ST天業的負債總額大幅下降，減少了財務費用，資產負債率也下降許多，公司財務負擔減輕，抗風險能力提高。

2. 加大產品研發力度

2014年度，公司中小企業技術中心通過河北省發展和改革委員會評價；公司通過河北省科技廳等部門認定被評為高新技術企業；公司通過河北省科技廳認定被評為河北省科技型中小企業；公司承擔的河北省科技計劃項目「TTSJ900型隧道內外通用架橋機組的研製與應用」通過河北省科技廳驗收。截至2014年年末，公司共擁有84項國家專利，其中2014年度獲得授權專利7項，另有17項專利申請已獲得受理。

3. 採取多種舉措，提高盈利能力

（1）債務重組。2013年10月12日，河北省秦皇島中級人民法院判決*ST天業子公司北京華遂通掘進設備有限公司應支付秦皇島秦冶重工有限公司盾構機加工費10,391,705.00元及利息，案件受理費、反訴訟非103,820.00元由華遂通承擔；2013年9月26日，秦冶重工起訴至河北省秦皇島市中級人民法院，要求支付除盾構機之外的備件加工費欠款17,090,068.40元及利息2,000,000.00元，合計19,090,068,40元，該起訴未經法院判決。上訴兩項合計29,585,593,40元，秦冶重工未交付的盾構機零部件等價值約3,620,000.00元，實際應付欠款25,965,593.40元。因存在雙方友好協商的基礎，華遂通未將秦冶重工主張的利息2,000,000.00元預計入帳，華遂通帳面按不含稅金額暫估材料及加工費20,476,246.50元，2014年經雙方友好協商，華遂通支付16,000,000.00元後雙方往來帳結清，在華遂通支付貨款的同時秦冶重工開具銷售發票，款項已按協議約定支付，應支付貨款16,000,000.00元，扣除進項稅後13,675,213.64元與帳面20,476,246.50元的差額計入債務重組利得。其他債務利得23,368,326.63元，系根據與供應商達成的協議，公司獲得的債務減免，共涉及400餘家。

（2）加大應收帳款管理。*ST天業對應收帳款客戶欠款情況進行全面梳理，針對客戶及欠款原因制定解決方案，減少壞帳損失。2013年*ST天業應收帳款為359,708,597.46元，壞帳準備為52,759,699.49元；2014年*ST天業應收帳款為327,380,828.81元，壞帳準備為30,905,873.75元。經過一年的

優化管理，企業的應收帳款下降三千多萬元，壞帳準備下降兩千多萬元。公司在這一年中，加大了對應收帳款的回收力度，使企業的營運能力有所增強。

（3）優化子公司結構。2014 年，轉讓了敖漢銀億礦業有限公司的部分股權和義大利 Eden 公司的全部股權，優化股權投資結構。公司於 2014 年 12 月 8 日與北京新華聯產業投資有限公司簽署股權轉讓協議，轉讓公司所持敖漢銀億礦業有限公司 75% 股權中的 60%，轉讓價格為 5,508 萬元。暗含億元正在辦理的內蒙古自治區敖漢旗小四家礦區硅石礦，內蒙古自治區敖漢旗得力胡同礦區硅石礦，內蒙古自治區敖漢旗羅洛營子礦區硅石礦，由於三個礦的採礦權證未辦理完畢，因此評估時未考慮，由雙方協商作價，三個礦的採礦證目前已完成編制，等待評審備案，北京華聯產業投資有限公司對此項正在辦理的採礦權向公司支付 1,200 萬元轉讓款，公司轉讓該股權在合併報表層面形成股權轉讓收益 66,167,188.76 元。

2014 年 10 月 25 日，公司將持有的 EDEN 公司 51% 的股權轉讓給全資子公司秦皇島森諾科技有限公司，於義大利時間 2014 年 12 月 1 日在當地完成了 Eden 公司股權轉讓變更手續。2014 年 12 月 23 日，公司與恒基偉業投資發展有限公司簽署股權轉讓協議，轉讓公司所持森諾科 100% 股權，轉讓價格 1,500 萬元。森諾科技是為控股 EDEN 公司而於 2014 年 10 月 17 日專門設立的管理型持股公司，本次轉讓森諾亞科技股權實質是轉讓 EDEN 公司的股權，公司轉讓該股權在合併報表層面形成股權轉讓損失 12,847,338.35 元。

ST 經過一系列重組措施後，公司 2014 年度實現營業收入 63,038.34 萬元，實現歸屬於上市公司股東的淨利潤為 2,629.96 萬元，其中非流動資產處置損益為 5,446.54 萬元，債務重組利得為 3,016.94 萬元，主要因子公司北京華隧通債務重組、其他債務重組所致。歸屬於上市公司股東的淨資產為 151,900.49 萬元。據此審計結果，表明了公司最近兩年連續虧損的情形已經消除。因此，公司股票交易的退市風險警示情形得以消除。經核查，公司也不存在其他涉及退市風險警示及其他風險警示的情形，公司符合申請撤銷退市風險警示的條件。經公司第三屆董事會第十二次會議審議通過，公司已向深圳證券交易所提出撤銷股票交易退市風險警示的申請。

（三）重組後的變化

＊ST 天業在撤銷退市風險警示後的證券簡稱由「＊ST 天業」變更為「天業通聯」；證券代碼不變，仍為「002459」；股票交易的日漲跌幅限制由「5%」變為「10%」。重組之後，公司主營業務並未改變，大股東由朱新生和胡志軍變為了何志平。天業通聯剛上市時，股東朱新生和胡志軍共持有發行人

股份 50,527,114 股，占發行前股本總額的 39.48%。朱新生和胡志軍通過一致行動成了天業通聯的實際控製人。從公司上市以來，公司多次發行新股，募集資金，股權結構也隨之發生變化，大股東朱新生和胡志軍的股權被稀釋。截至＊ST 天業在被新的大股東何志平收購前，朱新生持有公司 12.24% 股權，胡志軍持有公司 7.41% 股權，華建興業持有公司 14.42% 股權，其他股東共計持有公司 66.22% 股權，朱新生與胡志軍通過一致行動持有 19.65% 的股權，成為公司的控股人。股權結構如附圖 7-5 所示：

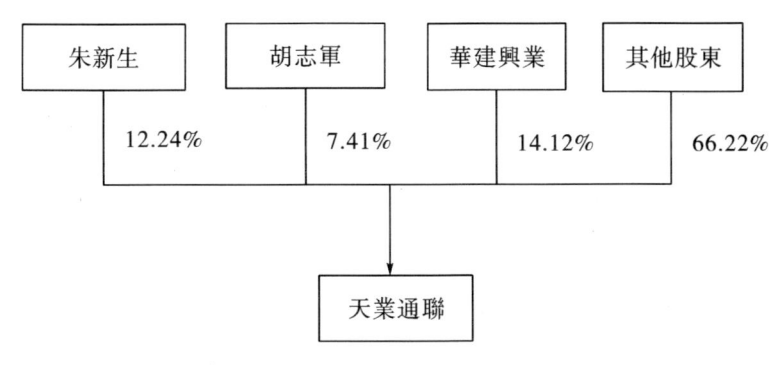

```
  朱新生      胡志軍      華建興業    其他股東
   |           |           |           |
  12.24%     7.41%       14.12%      66.22%
                    ↓
                 天業通聯
```

附圖 7-5　＊ST 天業重組前股權結構圖

何志平一直看好天業通聯的發展前景，在本次收購前，已通過其控製的華建興業投資有限公司以大宗交易的方式買進股票，使華建興業投資有限公司成為公司的第一大股東。目前，天業通聯經營虧損主要是受溫州動車事故後國家對鐵路的投資規模下滑導致公司主營的鐵路橋樑運架提產品市場需求銳減的影響。2014 年將是中國鐵路建設復甦的一年，中國鐵路總公司預計全年鐵路固定資產投資目標為 8,000 億元，何志平看好鐵路橋樑運架提產品市場的復甦，同時認同天業通聯正在推進的向盾構機、非公路自卸車等領域轉型以實現「適度多元」的業務發展思路，認為通過認購天業通聯本次非公開發行的股份從而取得控股地位，有助於天業通聯改善財務狀況，提高其承接大額訂單的能力，逐步恢復並提升其盈利能力和市場競爭能力，更好地回報全體股東，有效促進天業通聯的良性發展，同時實現自身股東權益的保值增值。

天業通聯於 2014 年 12 月向華建盈富、中鐵信託和國泰君安合計發行 166,389,351 股。發行完成後，華建盈富持有天業通聯 36.39% 的股份，成為天業通聯的控股股東。原股東華建興業持股比例稀釋為 8.08%，華建盈富與華建興業的實際控製人均為何志平，因此何志平通過華建興業及華建盈富間接持股比例合計為 44.47%，成為天業通聯新的實際控製人。天業通聯原控股股東、

實際控製人朱新生和胡志軍已不再是天業通聯的實際控製人。截止到 2014 年 12 月 31 日，何志平持有天業通聯 44.47% 股權。天業通聯與實際控製人之間的產權及控製關係如附圖 7-6 所示。

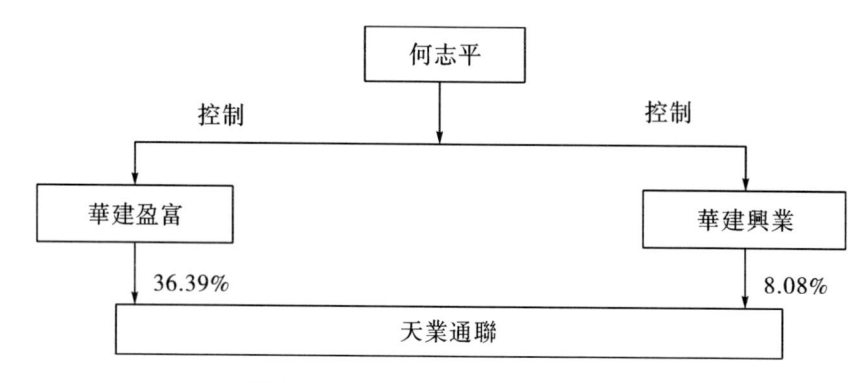

附圖 7-6　*ST 天業重組後股權結構圖

在公司完成重組後，*ST 天業的控股股東至今為止未發生變化，也從未減持股份，僅中小股東略有變動。可見，控股股東對 *ST 天業的未來發展寄予深厚的期望。*ST 天業的成功脫困有賴於其重組方式的選擇。在公司面臨困境時，公司大量募集資金，衝淡原有大股東股權，控股股東最終變為對公司抱有信心的何志平，這在一定意義上促進了公司發展，使公司在 2015 年度成功脫困。

四、脫困後業績

*ST 天業於 2015 年 4 月 13 起撤銷退市風險警示，那麼在此之後，*ST 天業的業績如何？據 *ST 天業的財務報表顯示，*ST 天業 2014 年總資產為 1,749,884,355.90 元，負債為 235,669,913.63 元；在重組後的 2015 年公司的資產下降為 1,352,841,542.27 元，負債下降為 138,219,598.73 元，公司所有者權益有所下降，歸屬於上市股東的淨資產也隨之下降。可見，在重組後的這一年，公司的規模有些萎縮。*ST 天業 2014 年營業收入為 630,383,386.14 元，2015 年企業的營業收入為 322,324,822.71 元，與上年相比下降了 48.87%，企業的創收能力大幅下降，主要是由於其主營業務之一盾構機未實現銷售收入，與去年相比較少了三千萬，以及非公路自卸車實現的銷售收入比去年下降 40.83%。受全球礦山車市場延續需求大幅下滑和行業競爭激烈的影響導致經營環境發生重大變化。截至 2015 年與礦山車業務相關的實物資產可

回收金額遠遠低於帳面價值，造成巨額的資產減值損失，資產減值損失總額達兩千多萬元，這對公司的利潤造成了重大影響。2015 年，＊ST 天業虧損額達 321,891,912.90 元，大量存貨積壓造成了公司的嚴重虧損。見附表 7-2：

附表 7-2　　　　　　　＊ST 天業重組後主要財務數據表

年份	資產(元)	負債(元)	淨資產(元)	營業收入(元)	淨利潤(元)
2014	1,749,884,355.90	235,669,913.63	1,519,004,899.48	630,383,386.14	26,299,646.35
2015	1,352,841,542.27	138,219,598.73	1,214,621,943.54	322,324,822.71	-321,891,912.90

如附圖 7-7 所示，＊ST 天業在重組後資產負債率整體上呈下降趨勢，在這一年多的時間中，公司的資產負債率由 14.47% 下降至 8.46%。公司的資產負債率在重組前遠遠高於行業平均水平，如今，專設設備製造業的平均資產負債率並未發生較大變化，而＊ST 天業的資產負債率已經降至 8.46%。與之前的償債能力較差相比，＊ST 天業的償債能力良好。但是，＊ST 天業的資產負債率早在 2014 年時已經遠遠低於行業平均水平，這幾年更是拉大了差距。公司較少借用資金，表明公司利用債權人資本進行經營活動的能力較差。隨著資產負債率的不斷降低，這種能力也隨之降低，企業的保守經營方式使企業的規模逐漸縮小，影響到了企業的發展。

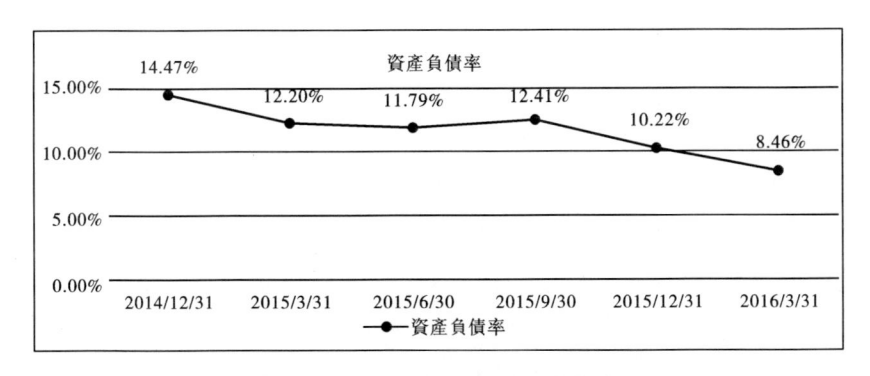

附圖 7-7　＊ST 天業重組後資產負債率

＊ST 天業的毛利率於 2012 年出現 4% 的極低值，2013 年有所回緩，2014 年達到 17.23%。相較於前兩年，公司的毛利率有了很大的提升，但是在隨後的一年多時間內，＊ST 天業的毛利率又開始出現下滑趨勢，下降至 10.88%，2016 年第一季度有所回升。縱觀這一年多的毛利率水平，除了 2015 年第三季度和第四季度出現大幅度下滑外，其他時間相對穩定，維持在 17% 左右。毛利

率主要反應的是公司主營業務盈利狀況，可以看出，相較於重組前而言，＊ST天業主營業務盈利水平有了很大提升，獲取利潤能力增強。但就其重組後的狀況而言，主營業務盈利水平並不樂觀，2015年的大幅下降反應了其主營業務獲取利潤能力仍存在問題。見附圖7-8：

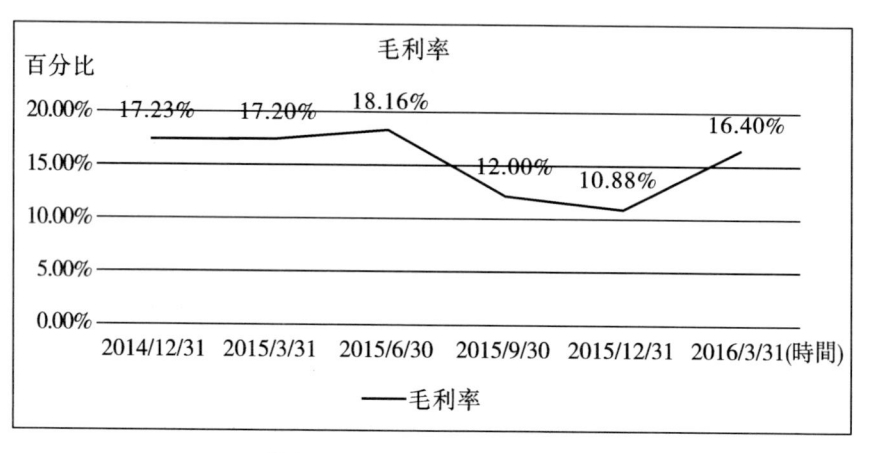

毛利率

時間	毛利率
2014/12/31	17.23%
2015/3/31	17.20%
2015/6/30	18.16%
2015/9/30	12.00%
2015/12/31	10.88%
2016/3/31	16.40%

附圖7-8 ＊ST天業重組後毛利率

　　如附圖7-9所示，＊ST天業的淨資產收益率在重組前呈逐漸下降趨勢。2011年＊ST天業的淨資產收益率為0.61%，公司2012年出現虧損，淨資產收益率大幅下降，下降至-34.30%，由於2013年持續虧損以及淨資產大幅下降，＊ST天業淨資產收益率下降至-85.70%。說明公司在重組前盈利能力出現嚴重問題。在進行重組的2014年，公司的淨資產收益率回升至1.73%，此次回升很大一部分原因是債務重組以及非經常性活動帶來的經濟利益，使公司在2014年的淨利潤出現正值，並不能代表公司的盈利能力有所提高。在隨後的2015年存由於貨積壓，計提近兩億元的資產減值損失導致公司出現嚴重虧損，公司的淨資產收益率再次出現負值。可以看出，公司在重組後盈利能力並沒有增強。通過與行業的平均水平對比可以發現，行業的平均淨資產收益率呈逐年下降趨勢，但坡度較小，表明整個行業近幾年來的盈利能力處於下滑狀態。雖然如此，但是該行業這幾年的淨資產收益率最低值為6.74%，遠遠高於＊ST天業。此外，＊ST天業每年的淨資產收益率均低於行業平均值，表明公司盈利能力的下滑最主要的原因不在於行業整體，而是＊ST天業本身，包括其產品的市場需求，獲利能力以及公司管理層決策、分析能力。

淨資產收益率

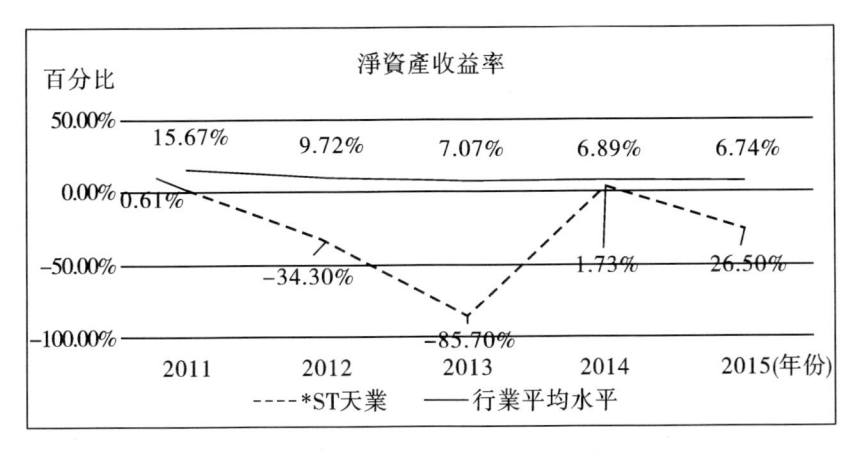

百分比
50.00% 15.67%   9.72%   7.07%   6.89%   6.74%
0.00% 0.61%
                                    1.73%
-50.00%   -34.30%   26.50%
-100.00%   -85.70%
        2011   2012   2013   2014   2015(年份)
        ----*ST天業   ——行業平均水平

附圖 7-9　*ST 天業淨資產收益率

由附圖 7-10 可以看出，隨著淨利潤的波動，公司的歷年來的每股收益也隨之波動。只有在 2011 年與 2015 年時，*ST 天業每股收益出現正值，其他年份 *ST 天業的每股收益均為負值。儘管 2014 年每股收益出現正值，但是大量非常性損益只能暫時地增加每股收益，2015 年公司的每股收益繼續出現負值，可見，無論是重組前還是重組後，公司股東的回報並沒有很豐厚，甚至是處於股東財富減少的狀態下。

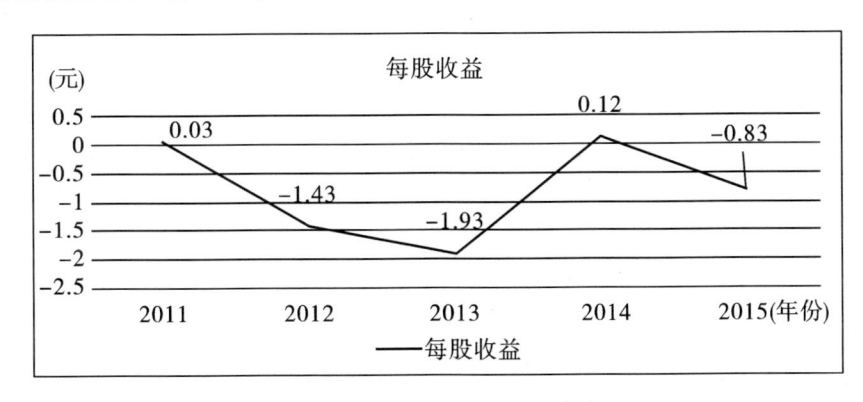

每股收益

(元)
                                0.12
0.5 0.03
0   -0.83
-0.5
-1   -1.43
-1.5   -1.93
-2
-2.5
    2011   2012   2013   2014   2015(年份)
                ——每股收益

附圖 7-10　*ST 天業每股收益

通過以上分析可以發現，雖然 *ST 天業經過公司重組，使公司成功摘帽，但是，*ST 天業經營狀況依舊不容樂觀。公司的成功脫困有賴於債務重組利得以及非經常經營活動損益，這種獲利是不長久的，不能反應企業的長久狀況。*ST 在摘帽後的一年內便反應出此種盈利模式的弊端，公司規模持續下降，經營業績止步不前，盈利水平再次出現問題。*ST 天業的此次重組只能

說是暫時的脫困，並沒有使公司真正脫離困境。＊ST 天業財務困境並不只是注入大量資金所能解決的，其根本問題在於主營業務。主營業務難以盈利以及缺乏市場需求，造成大量產品的積壓，這一問題拖累了公司的發展。公司應當致力於對新產品的研發，以及加強對獲利能力較強產品的投資，從公司自身著手，進行業務整合，從根本上解決公司的問題。

參考文獻

[1] Altman, E. Financial ratios, discriminate analysis and prediction of corporate bankruptcy [J]. The Journal of Finance, 1968, 23 (4): 589-609.

[2] Aharony, J., Jones, C. An analysis of risk and return characteristics of corporate bankruptcy using capital market data [J]. The Journal of Finance, 1980, 35 (4): 1001-1016.

[3] Frydman H., Altman E., Kao D. Introducing recursive partitioning for financial classification: the case of financial distress [J]. The Journal of Finance, 1985, 40 (1): 269-291.

[4] Harlan D. Platt, Marjorie B. Platt, Jon Gunnar Pedersen, Bankruptcy discrimination with real variables [J]. Journal of Business Finance & Accounting, 1994, 21 (4): 491-510.

[5] Altman, E. Corporate financial distress and bankruptcy: a complete guide to predicting & avoiding distress and profiting from bankruptcy [M]. New York: John Wiley & Sons, 1993: 384.

[6] Chatterjee, S., Dhillon, U., Ramirez, G. Resolution of financial distress: debt restructurings via chapter 11 prepackaged bankruptcies and workouts [J]. Financial Management, 1996, 25 (1): 5-18.

[7] Cecilia W. Bankruptcy Prediction: the case of the CLECS, American Journal of Business [J]. 2003, 18 (1): 71-82.

[8] Wruck, K. Financial distress, reorganization, and organizational efficiency [J]. Journal of Financial Economics, 1990, 27 (2): 419-444.

[9] Datta, S., Datta, M. Reorganization and financial distress: an empirical investigation [J]. Journal of Financial Research, 1995, 18, (1): 89-108.

[10] Ward, T., Foster, B. A note on selecting a response measure for financial

distress [J]. Journal of Business Finance & Accounting, 1997, 24 (6): 869-879.

[11] Rose, S., Westerfield, R., Jaffe, J. Corporate finance (2nd ed) [M]. Homewood, IL. Irwin, 1990: 420-424.

[12] Turetsky, H., McEwen, R. An empirical investigation of firm longevity: a model of the exante predictors of financial distress [J]. Review of Quantitative Finance and Accounting, 2001, 16 (4): 323-343.

[13] Deakin, E. A discriminant analysis of predictors of business failure [J]. Journal of Accounting Research, 1972, 10 (1): 167-179.

[14] Blum, M. Failing company discriminant analysis [J]. Journal of Accounting Research, 1974, 12 (1): 1-25.

[15] Barker, V., Patterson, P., Mueller, G. Organizational causes and strategic consequences of the extent of top management team replacement during turnaround attempts [J]. Journal of Management Studies, 2001, 38, (2): 235-270.

[16] Zmijewski, M. Methodological issues related to the estimation of financial distress prediction models' [J]. Journal of Accounting Research, 1984, 22 (Supplement): 59-82.

[17] Crapp, H. Stevenson, M. Development of a method to assess the relevant variables and the probability of financial distress [J]. Australian Journal of Management, 1987, 12 (2): 221-236.

[18] Chalos, P. Financial distress: a comparative study of individual, model and Committee Assessments [J]. Journal of Accounting Research, 1985, 23 (2): 527-543.

[19] DeAngelo, H. Dividend policy and financial distress: an empirical investigation of troubled NYSE firms [J]. The Journal of Finance, 1990, 45, (5): 1415-1431.

[20] Hill, N., Perry, S., Andes, S. Evaluating firms in financial distress: an event history analysis [J]. Journal of Applied Business Research, 1996, 12 (3): 60-71.

[21] Kahya, E., Theodossiou, P. Predicting corporate financial distress: A time-series cusum methodology [J]. Review of Quantitative Finance and Accouting, 1996, 13 (4): 323-345.

[22] Platt, H., Platt, M. Predicting corporate financial distress: reflections on choice-based sample bias [J]. Journal of Economics and Finance, 2002, 26 (2):

184-199.

[23] Altman, E., Haldeman, R. and Narayanan, P. Zeta analysis: a new model to identify bankruptcy risk of corporations [J]. Journal of Banking & Finance, 1977, 1 (1): 29-54.

[24] Shrieves, R. E., Stevens, D. L. Bankruptcy avoidance as a motive for merger [J]. Journal of Financial and Quantitative Analysis, 1979, 14 (3): 501-515.

[25] Taffler, R. J. The assessment of company solvency and performance using a statistical [J]. Accounting and Business Research, 1983, 13 (52): 295-308.

[26] Sudarsanam, S., Lai, J. Corporate financial distress and turnaround strategies: an empirical analysis [J]. British Journal of Management, 2001, 12 (3): 183-199.

[27] Amy Hing-Ling Lau. A five-state financial distress prediction model [J]. Journal of Accounting Research, 1987, 25 (1): 127-138.

[28] Morris, R. Early warning indicators of corporate failure: a critical review of previous research and further empirical evidence [M]. United Kingdom: Ashgate Publishing Limited, 1997: 438.

[29] Jones, S. Hensher, D. Predicting firm financial distress: a mixed logit model [J]. The Accounting Review, 2004, 79 (4): 1011-1038.

[30] Hong, S. The outcome of bankruptcy: model and empirical test [R]. University of California, Berkeley, 1984.

[31] Robbins, D., Pearce, J. Turnaround: retrenchment and recovery [J]. Strategic Management Journal, 1992, 13 (4): 287-309.

[32] Shleifer, A., Vishny, R. Large shareholders and corporate control [J]. Journal of Political Economy, 1986, 94 (3): 461-488.

[33] La Porta, R., Lopez-de-Silane, F., Shleifer, A., Vishny, R. Law and finance [J]. Journal of Political Economy, 1998, 106 (6): 1113-1155.

[34] Ming, J., Wong, T. J. Earnings management and tunneling through related party transactions: evidence from Chinese corporate groups [C]. EFA 2003 Annual Conference Paper, No. 549, June 2003.

[35] Jianping, D., Jie, G., Jia, H. A dark side of privatization: creation of large shareholders and expropriation [R]. Chinese University of Hong Kong, January 2006.

[36] Johnson, S., La Porta, R., Lopez-d-Silanes, F., Shleifer, A. Tunneling [J]. American Economic Review, 2000, 90 (2): 22-27.

[37] La Porta, R., Lopez-de-Silane, F., Shleifer, A. Corporate ownership around the world [J]. Journal of Finance, 1999, 54 (2): 471-517.

[38] Friedman, E., Johnson, T., Mittton. Propping and tunneling [J]. Journal of Comparative Economics, 2003, (31): 732-750.

[39] Johnson, S., Boone, P., Breach, A. and Friedman, E. Corporate governance in the Asian financial crisis [J]. Journal of Financial Economics, 2000, 58 (1): 141-186.

[40] Modigliani, F., Miller, M. The cost of capital, corporation finance, and the theory of investment [J]. American Economic Review, June, 1958, 48 (3): 261-297.

[41] Baxter, N. D. Leverage risk of ruin and the cost of capital [J]. The Journal of Finance, 1967, 22 (3): 395-403.

[42] Ho, T., Saunders, A. The determinants of bank interest margins: theory and empirical evidence [J]. Journal of Financial and Quantitative Analyses, 1981, 16 (4): 581-600.

[43] Jensen, M., Meckling, W. Theory of the firm: managerial behavior, agency costs and ownership structure [J]. Journal of Finance Economics, 1976, 3 (4): 305-360.

[44] Altman, E., Haldeman, R. Corporate credit-scoring models: approaches and tests for successful implementation [J]. Journal of Commercial Lending, 1995, 77 (9): 273-311.

[45] Dodd, P., Richard, R. Tender offers and stockholder returns: an empirical analysis [J]. Journal of Financial Economics, 1977, 5 (3): 351-373.

[46] John K., Lang H. P., Netter J. The voluntary restructuring of large firms In response to performance decline [J]. The Journal of Finance, 1992, 47 (3): 891-917.

[47] Ofek, E. Capital structure and firm response to poor performance: An empirical analysis [J]. Journal of Financial Economics, 1993, 34 (1): 3-30.

[48] Kang, J. K., Shivdasani, A. Corporate restructuring during performance declines in Japan [J]. Journal of Financial Economics, 1997, 46 (1): 29-65.

[49] Denis, D. J., Kruse, T. A. Managerial discipline and corporate restructu-

[49] ring following performance declines [J]. Journal of Financial Economics, 2000, 55 (3): 391-424.

[50] Winnie, P. Q., John, K. C., Zhishu, Y. Tunneling or propping: evidence from connected transactions in China [J]. Journal of Corporate Finance, 2011, 17 (2): 306-325.

[51] Kow, G. Turning around business performance [J]. Journal of Change Management, 2004, 4 (4): 281-296.

[52] Clapham, S., Schwenk, C., Caldwell, C. CEO perceptions and corporate turnaround [J]. Journal of Change Management, 2005, 5 (4): 407-428.

[53] Franks, J. R., Harris, R. S. Shareholder wealth effects of corporate takeovers: The U. K. experience 1955—1985 [J]. Journal of Financial Economics, 1989, 23 (2): 225-249.

[54] James, R., David, G. Financial distress, reorganization and corporate performance [J]. Accounting and Finance, 2000, 40 (3): 233-259.

[55] Laitinen, E. K. Effect of reorganization actions on the financial performance of small entrepreneurial distressed firms [J]. Journal of Accounting & Organizational Change, 2005, 7 (1): 57-95.

[56] Bushee, B. J. The Influence of institutional investors on myopic R&D investment behavior [J]. The Accounting Review, 1998, 73 (3): 305-333.

[57] Guercio, D., Seery, L., Woidtke, T. Do boards pay attention when institutional investor activists「just vote no」? [J]. Journal of Financial Economics, 2008, 90 (1): 84-103.

[58] Chaganti, R., Mahajan, V., Sharma, S. Corporate board size, composition and Corporate failure in retailing industry [J]. Journal of Management Studies, 1985, 22 (4): 400-417.

[59] William, O. Political dynamics and the circulation of power: CEO succession in U. S. industrial corporations, 1960-1990 [J]. Administrative Science Quarterly, 1994, 39 (2): 285-312.

[60] Lipton, M., Lorsch, J. A modest proposal for improved corporate governance [J]. Business Lawyer, 1992, 48 (1): 59-77.

[61] Eisenberg, T., Sundgren, S., Martin, T. Larger board size and decreasing firm value in small firms [J]. Journal of Financial Economics, 1998, 48 (9): 35-54.

［62］Baysinger, B. D., Butler, H. N. Corporate governance and the board of directors: performance effects of changes in board composition ［J］. Journal of Law, Economics & Organization, 1985, 1（1）: 101-124.

［63］Agrawal, A. Charles, R. 1996, Firm performance and mechanisms to control agency problems between managers and shareholders ［J］. Journal of Financial and Quantitative Analysis, 1996, 31（3）: 377-397.

［64］Anderson, C. A., Anthony, R. N. The new corporate directors: insights for board members and executives ［M］. New York: Wiley, 1986, 4.

［65］Daily, C. M., Dalton, D. Separate, but not independent: board leadership structure in large corporations ［J］. Corporate Governance: An International Review, 1997, 5（3）: 126-136.

［66］Barro J. R., Barro, R. Pay, performance, and turnover of bank CEOs ［J］. Journal of Labor Economics, 1990, 8（4）: 448-481.

［67］Morck, R., Shleifer, A., Vishny, R. Management ownership and market valuation: an empirical analysis ［J］. Journal of Financial Economics, 1988, 20（1）: 293-315.

［68］章鐵生，徐德信，餘浩. 證券發行管制下的地方「護租」與上市公司財務困境風險化解 ［J］. 會計研究，2012（8）: 43-50.

［69］趙麗瓊，柯大剛. 股權結構特徵與困境公司恢復——基於中國上市公司的實證分析 ［J］. 經濟與管理研究，2008（9）: 32-37.

［70］趙麗瓊. 高管報酬激勵與困境公司的恢復 ［J］，經濟研究導刊，2010（36）: 128-131.

［71］李善民，李珩. 中國上市公司資產重組績效研究 ［J］. 管理世界，2003（11）: 126-134.

［72］李秉祥. 中國上市ST公司財務危機的戰略重組研究 ［J］. 管理現代化，2003（3）: 53-57.

［73］楊天宇，楊誒. 中國綜合類上市公司盈利持續性研究 ［J］. 湖北經濟學院學報，2009（2）: 77-82.

［74］李孟鵬. 中國股市成年記: 1996年 ［R/OL］. 中國經濟網，http: //finance. ce. cn/sub/stockage/2008.

［75］倪中新，張楊. 基於Cox比例危險模型的製造業財務困境恢復研究 ［J］. 統計與信息論壇，2012（1）: 15-20.

［76］周俊生. 郭樹清之問和IPO的製度困境 ［C］. 國際金融報，2012-02

-13（02）.

[77] 呂長江，趙宇恒. ST 公司重組的生存分析 [J]. 財經問題研究，2007（6）：86-91.

[78] 李哲，何佳. 支持、重組與 ST 公司的「摘帽」之路 [J]. 南開管理評論，2006（6）：39-44.

[79] 馬磊，徐向藝. 中國上市公司控製權私有收益實證研究 [J]. 中國工業經濟，2007（5）：56-63.

[80] 陳慧琴. 中國上市公司資產重組績效之動態分析 [J]. 統計教育，2006（3）：30-33.

[81] 楊薇，王伶. 關於 ST 公司扭虧的分析 [J]. 財政研究，2002（4）：79-81.

[82] 李秉祥. ST 公司債務重組存在的問題與對策研究 [J]. 當代經濟科學，2003（5）：70-96.

[83] 趙麗瓊. 財務困境公司的重組戰略——基於中國上市公司的實證分析 [J]. 商業研究，2009（2）：193-196.

[84] 李增泉，餘謙，王曉坤. 掏空、支持與併購重組——來自中國上市公司的經驗證據 [J]. 經濟研究，2005（1）：95-105.

[85] 侯曉紅. 大股東對上市公司掏空與支持的經濟學分析 [J]. 中南財經政法大學學報，2006（5）：120-124.

[86] 陳駿，徐玉德. 併購重組是掏空還是支持——基於資產評估視角的經驗研究 [J]. 財貿經濟，2012（9）：78-86.

[87] 陳劭. 中國股市場對股票交易實行特別處理（ST）的公告的反應 [J]. 當代經濟科學，2001（4）：27-31.

[88] 王震. 上市公司被特別處理（ST）公告的信息含量與影響因素 [J]. 金融研究，2002（9）：61-71.

[89] 陳妝，鄒鵬. ST 公司重組對股價波動的影響 [J]. 統計與決策，2009（16）：136-137.

[90] 劉黎，歐陽政. 中國 ST 公司資產重組績效實證研究 [J]. 經濟視角，2010（24）：44-46.

[91] 唐齊鳴，黃素心. ST 公布和 ST 撤銷事件的市場反應研究——來自滬深股市的實證檢驗 [J]. 統計研究，2006（11）：43-47.

[92] 孟焰，袁淳，吳溪. 非經常性損益、監管製度化與 ST 公司摘帽的市場反應 [J]. 管理世界，2008（8）：33-39.

[93] 陳收, 羅永恒, 舒彤. 企業收購兼併的長期超額收益研究與實證 [J]. 數量經濟技術經濟研究, 2004 (1): 110-115.

[94] 呂長江, 宋大龍. 企業控製權轉移的長期績效研究 [J]. 上海立信會計學院學報, 2007 (5): 48-56.

[95] 陳收, 張莎. 特別處理公司重組績效評價實證研究 [J]. 管理評論, 2004 (12): 33-36.

[96] 趙麗瓊. 中國財務困境公司重組摘帽的股價效應 [J]. 系統工程, 2011 (8): 46-55.

[97] 李善民, 朱滔. 中國上市公司併購的長期績效——基於證券市場的研究 [J]. 中山大學學報 (社會科學版), 2005 (5): 80-86.

[98] 張玲, 曾志堅. 上市公司重組績效的評價及財務困境預測實證研究 [J]. 管理評論, 2003 (5): 48-51.

[99] 趙麗瓊, 柯大鋼. 中國財務困境公司的長期績效研究——基於ST上市公司重組摘帽前後的實證分析 [J]. 山西財經大學學報, 2009 (2): 113-118.

[100] 陳曉, 陳小悅, 劉釗. A股盈餘報告的有用性研究——來自上海、深圳股市的實證數據 [J]. 經濟研究, 1999 (6): 21-28.

[101] 馮根福, 吳林江. 中國上市公司併購績效的實證研究 [J]. 經濟研究, 2000 (1): 54-61.

[102] 李善民, 史欣向, 萬自強. 關聯併購是否會損害企業績效?——基於DEA-SFA二次相對效益模型的研究 [J]. 金融經濟學研究, 2013 (3): 57-69.

[103] 和麗芬. 中國ST公司脫困路徑研究 [M]. 北京: 中國社會科學出版社, 2015.

[104] 李杭. 上市公司資產重組與產業結構調整整 [D]. 武漢: 華中科技大學, 2004.

[105] 李維安, 李濱. 機構投資者介入公司治理效果的實證研究——基於CCGI[NK]的經驗研究 [J]. 南開管理評論, 2008 (1): 4-14.

[106] 白重恩, 劉俏, 陸洲, 等. 中國上市公司治理結構的實證研究 [J]. 經濟研究, 2005 (2): 81-91.

[107] 劉斌, 劉星, 李世新, 等. CEO薪酬與企業業績互動效應的實證檢驗 [J]. 會計研究, 2003 (3): 34-38.

[108] 李瑞, 馬德芳, 祁懷錦. 高管薪酬與公司業績敏感性的影響因素——來自中國A股上市公司的經驗證據 [J]. 現代管理科學, 2011 (9): 14-16.

國家圖書館出版品預行編目(CIP)資料

財務困境公司脫困後業績狀況及提升研究 / 和麗芬 等著.
-- 第一版. -- 臺北市：崧博出版：崧燁文化發行, 2018.09
　面 ；　公分
ISBN 978-957-735-442-6(平裝)
1.企業管理 2.財務分析
494　　107015094

書　　名：財務困境公司脫困後業績狀況及提升研究
作　　者：和麗芬 等著
發行人：黃振庭
出版者：崧博出版事業有限公司
發行者：崧燁文化事業有限公司
E-mail：sonbookservice@gmail.com
粉絲頁　　　　　　　網　址：
地　　址：台北市中正區重慶南路一段六十一號八樓 815 室
8F.-815, No.61, Sec. 1, Chongqing S. Rd., Zhongzheng Dist., Taipei City 100, Taiwan (R.O.C.)
電　話：(02)2370-3310　傳　真：(02) 2370-3210
總經銷：紅螞蟻圖書有限公司
地　　址：台北市內湖區舊宗路二段 121 巷 19 號
電　話：02-2795-3656　　傳真：02-2795-4100　網址：
印　　刷：京峯彩色印刷有限公司（京峰數位）

　　本書版權為西南財經大學出版社所有授權崧博出版事業有限公司獨家發行電子書及繁體書繁體版。若有其他相關權利及授權需求請與本公司聯繫。

定價：350 元
發行日期：2018 年 9 月第一版
◎ 本書以POD印製發行